Bluetooth Low Energy をはじめよう

Kevin Townsend、Carles Cufí、
Akiba、Robert Davidson 著
水原 文 訳

オライリー・ジャパン

本書で使用するシステム名、製品名は、それぞれ各社の商標、または登録商標です。
なお、本文中では、TM、®、©マークは省略しています。

© 2015 O'Reilly Japan, Inc. Authorized translation of the English edition.
© 2014 Kevin Townsend, Carles Cufí, Akiba and Robert Davidson.
This translation is published and sold by permission of O'Reilly Media, Inc.,
the owner of all rights to publish and sell the same.

本書は、株式会社オライリー・ジャパンがO'Reilly Media, Inc.との許諾に基づき翻訳したものです。
日本語版の権利は株式会社オライリー・ジャパンが保有します。
日本語版の内容について、株式会社オライリー・ジャパンは最大限の努力をもって正確を期していますが、
本書の内容に基づく運用結果については、責任を負いかねますので、ご了承ください。

Getting Started with Bluetooth Low Energy

Kevin Townsend, Carles Cufí, Akiba and Robert Davidson

O'REILLY®

BEIJING · CAMBRIDGE · FARNHAM · KÖLN · SEBASTOPOL · TOKYO

目次
Contents

はじめに ix

1. イントロダクション 001
BLEはどこが違うのか? 001
規格 003
構成 003
   規格がサポートする構成 003
   チップ構成 005
重要な制約 007
   データのスループット 007
   到達距離 009
ネットワークのトポロジー 009
   ブロードキャスターとオブザーバー 009
   コネクション 011
プロトコルとプロファイル 013
   汎用プロファイル 014
   ユースケース特有のプロファイル 014

2. プロトコルの基本 017
物理層 018
リンク層 020
   Bluetoothデバイスアドレス 021
   アドバタイズとスキャン 022
   コネクション 025
ホスト・コントローラー・インタフェース(HCI) 028
論理リンク制御およびアダプテーションプロトコル(L2CAP) ... 028
アトリビュート・プロトコル(ATT) 029
   ATT操作 030

セキュリティ・マネージャ（SM）	032
セキュリティ手順	033
ペアリングのアルゴリズム	034
セキュリティ暗号鍵	035
汎用アトリビュート・プロファイル（GATT）	037
汎用アクセス・プロファイル（GAP）	037

3. GAP（アドバタイズとコネクション） ……… 039

役割	040
モードと手順	042
ブロードキャストとオブザベーション	043
検索	044
コネクションの確立	046
追加的GAP手順	048
セキュリティ	049
アドレス種別	049
認証	050
セキュリティモード	051
セキュリティモードと手順	052
その他のGAP定義	054
アドバタイズデータのフォーマット	054
GAPサービス	056

4. GATT（サービスと特性） ……… 057

役割	057
UUID	058
アトリビュート	059
ハンドル	059
タイプ	060
パーミッション	060
値	062

Contents

アトリビュートとデータの階層構造 063
  サービス 064
  特性 066
  特性ディスクリプタ 068
  サービスの例 071
  高度なアトリビュートの概念 074
  アトリビュートのキャッシュ 074
  アドバタイズパケット中のGATTアトリビュートデータ 075
機能 076
  MTU交換 076
  サービスと特性の検索 076
  特性とディスクリプタの読み出し 078
  特性とディスクリプタの書き込み 079
  サーバー主導更新 080
セキュリティ 081
  GATTサービス 082

5. ハードウェアプラットフォーム 083

nRF51822-EK(Nordic Semiconductors) 083
  技術的仕様 083
  SoftDeviceアーキテクチャ 084
  nRF51822-EKの使い方 085
  プログラム例とツールチェイン 086
CC2541DK-MINI(Texas Instruments) 087
その他のハードウェアプラットフォームとモジュール 088
  LairdのBL600モジュール 089
  luegigaのBLE112/BLE113モジュール 090
  RFDuino 090

6. デバッグツール　091

PCA10000 USBドングルとMaster Control Panel　091
PCA10000 USBドングルとWireshark　095
CC2540 USBドングルとSmartRFスニファ　096
SmartRFからWiresharkへのコンバーター　097
Bluezのhcitoolとgatttool　098

7. アプリケーション設計ツール　099

Bluetooth Application Accelerator　099
SensorTag　100
iOS用のLightBlue　101
Android用のnRF Master Control Panel　102

8. Androidのプログラミング　105

開発環境の準備　105
　ハードウェアを入手する　105
　ソフトウェアを入手する　106
　ハードウェアを構成する　107
　新規プロジェクトを開始する　109
　BLEライブラリの初期化　112
　リモートデバイスとコネクションを張る　116
　リモートデバイスとの通信　121

Contents

9. iOSのプログラミング ... 133
- シンプルなバッテリーレベルのペリフェラル ... 134
  - リモートペリフェラルのスキャン ... 137
  - リモートペリフェラルとのコネクション ... 138
  - リモートペリフェラルと関連付けられたサービスを検索する ... 139
  - サービスと関連付けられた特性を検索する ... 140
  - 特性の読み出しとデコードを行うメソッド ... 142
- iBeacon ... 144
  - アドバタイズ ... 145
  - レンジング ... 147
  - iBeaconアプリの実装 ... 148
- 外部ディスプレイとApple通知センターサービス ... 151

10. 組み込みアプリケーション開発 ... 157
- mbedのBLE API ... 157
- 組み込みツールチェイン ... 159
  - OSXやLinuxへGNUツールをインストールする ... 160
  - WindowsへGNUツールをインストールする ... 162
- nRF51822のGNUコードベースとサンプルプロジェクト ... 163
  - nRF51822のGNUコードベースを入手する ... 164
  - nRF51822 GNUコードベースの構造 ... 165
  - プロジェクトをコンパイルする ... 166
  - nRF51822へ書き込む ... 168
- さらに先へ ... 171

付録 Bluetoothコア規格バージョン4.2での変更点（日本語版付録）
... 173

索引 ... 191

はじめに
Preface

　Bluetooth 4.0規格の一部として登場したBluetooth Low Energy（BLE）はエキサイティングなワイヤレス技術だ。モバイルアプリケーション開発者にとっては外部ハードウェアが今までにないほど使いやすくなり、そしてハードウェア技術者にとってはあらゆる主要なモバイルオペレーティングシステムから容易かつ確実なアクセスが可能になる。

　この本は、Bluetooth Low Energyのデータ構造や、デバイスが相互に通信する方法、そしてプロトコル設計チームが行った重要な設計上の判断とトレードオフについて、確実に、実践的に、そして高いレベルで理解してもらうことを目的としている。この本を読めばBLEに関する十分な知識が得られ、自信を持って最新の組み込みデバイスやモバイルオペレーティングシステムの高レベルAPIを操作できるようになるはずだ。また、さらに深い知識が必要になった場合でも、より詳細な技術文書の用語や名前付け規則を容易に読み解くことができるだろう。また、WiFiやNFC、（クラシック）Bluetooth、ZigBeeなど他のワイヤレス技術と比較した場合の、具体的なBLEの強みと弱みも明確になるはずだ。

　経験のある組み込みファームウェア技術者にとっても、既存の技術文書をさらに深く読みこなせるようになるだろう。またモバイルアプリケーション開発者は、BLEデバイス上のデータ構造や既存ハードウェアとの通信方法に関して、より明確な知識が得られるだろう。

この本の想定読者

　この本は、主に2種類の読者へ向けて書かれている。

- **モバイルアプリケーション開発者**
  まずこの本は、現実世界の物理デバイスと対話できるアプリケーションを設計したいけれども2,600ページもある公式のBluetooth Core Specification 4.1には手を出しかねているモバイルアプリケーション開発者が、Bluetooth Low Energyの概要を高レベルで概念的に把握するために役立つ。

- **組み込み技術者**
  見方を変えれば、この本はBluetooth Low Energyを製品設計の視点から検討している、従来の組み込み技術者のためにも書かれている。BLEの向き不向きを手早く理解する必要があるのなら、この本は読者のプロジェクトのワイヤレスプロトコルとしてBLEを採用する際の長所と短所を迅速に評価するために役立つはずだ。

この本の使い方

この本は、大きく3つのセクションに分かれている。

BLEの概要

はじめの4つの章は、技術としてのBluetooth Low Energyについての概要を、高いレベルで提供する。データ構造や重要な制約を説明し、またBLEに取り組むうえで必要となる、すべての重要な概念を提示する。

- **1章　はじめに**
この最初の章では、Bluetooth Low Energyという名前で知られるワイヤレス標準の基本的な概念を紹介する。この技術の重要な要素を理解するための要点を手短に説明し、現時点で見られる仕様やチップ構成の違いについて概要を述べる。またこの章では、ブロードキャストやコネクション、そしてデバイスが担うさまざまな役割についても説明する。

- **2章　プロトコルの基本**
この章では、プロトコルスタックを大づかみに、またそこに含まれるエンティティの違いに重心を置いて説明する。各プロトコル層の概要と基本的な機能について概要を述べるが、BLEアプリケーション開発者に直接関係のない規格の細部については省く。各プロトコル層の記述にあたっては、全体像の中で果たす役割と、現実のシナリオに与える影響について特に注目する。

- **3章　GAP（アドバタイズとコネクション）**
この章では、コネクションとアドバタイズの処理を規定する、汎用アクセス・プロファイル（GAP）について述べる。アドバタイズパケットを利用して情報をブロードキャストする場合と、コネクションを利用してデータをやり取りする場合の両方について、デバイスが相互に対話するモードと手順の概要を説明する。

- **4章　GATT（サービスと特性）**
この章では、BLEにおいてデータの提示や操作に用いられる階層構造とフォーマットを規定する、汎用アトリビュート・プロファイル（GATT）の概要を提示する。サービスと特性という基本的な概念に加えて、接続されたデバイスが互いにデータをやり取りする手順について説明する。

開発とテストのためのツール

次の3つの章では、BLEに対応したアプリケーションやデバイスの開発とテストに役立つ（ハードウェアとソフトウェア両方の）ツールを紹介する。これらの章では、何千ドルもの投資を必要としない、低コストで入手しやすいツールに的を絞って説明する。

- 5章　ハードウェアプラットフォーム
  この章では製品設計者向けに、BLE周辺機器や製品に使える最新の組み込み開発プラットフォームの概要を提示する。

- 6章　デバッグツール
  デバイス自体を設計する場合でも、既存のハードウェアと対話するアプリケーションを開発する場合でも、まず間違いなくデバッグには長い時間をかけることになるだろう。ワイヤレスデバイスのデバッグは、純粋にソフトウェアベースの開発とは異なるプロセスだ。この章では、実際に無線で何が送信されているのか確認でき、BLEを使いこなすために役立つデバッグツールを紹介する。

- 7章　アプリケーション設計ツール
  この章では、モバイルアプリケーション開発者がBLEに取り組むうえでカギとなるツールを紹介する。これらのツールを使えば、素早くソフトウェアのテストや検証を行うためにも役立つし、また初期の設計プロセスで実際のハードウェアがなくてもデバイスをシミュレーションすることもできる。

開発プラットフォーム

最後の3つの章では、BLEの開発を行う可能性の高い主要な開発プラットフォーム（アプリケーション開発者にはiOSとAndroid、また製品設計者や組み込みハードウェア技術者には各種の組み込みプラットフォーム）を紹介する。

- 8章　Androidのプログラミング
  この章では、AndroidオペレーティングシステムでBluetooth Low Energyを実装するために必要なハードウェアやソフトウェア、そして開発プロセスの基本的な概要を提示する。

- 9章　iOSのプログラミング
  この章では、BLEアプリケーション開発をサポートする重要なiOS 7のフレームワークやクラス、そしてメソッドを取り上げる。BLEを利用して周辺機器のバッテリーレベルを読みだすアプリケーションの開発や、iBeaconを使って位置を判定するアプリケーションなどの実例を見て行く。

- 10章　組み込みアプリケーション開発

  この章では、組み込みデバイスのコードをコンパイルするために必要なツールを紹介する。5章で説明したnRF51822-EKと、フリーでオープンソースのGNUツールチェインやARMクロスコンパイラを使って、nRF51822-EK上でネイティブに動作する心拍数モニタを作り上げるプロセスを説明する。

表記規則

本書では、原則として次の表記方法を採用している。

太字（**Bold**）
　新しい用語や重要な用語などを示す。

等幅（`Constant width`）
　プログラムリストや、本文中でプログラム要素（変数名、関数名、データベース、データ型、環境変数、文、キーワードなど）、ファイル名、そしてファイル拡張子を表記するために使われる。

このアイコンはヒント、提案あるいは一般的な注意事項を示す。

このアイコンは警告、または注意が必要であることを示す。

サンプルコードの使用について

この本を補足する資料（コード例、練習問題など）は、https://github.com/microbuilder/IntroToBLE からダウンロードできる。

本書の目的は、あなたの仕事の手助けをすることだ。基本的に、本書に掲載しているコードはあなたのプログラムや文書に使用してもかまわない。コードの大部分を転載する場合を除き、許可を求める必要はない。例えば、本書のコードの一部を使ったプログラムを作成するために、許可を求める必要はない。なお、オライリー・ジャパンから出版されている書

籍のサンプルコードをCD-ROMとして販売・配布する場合には、そのための許可が必要となる。本書や本書のサンプルコードを引用して質問に答える場合にも、許可を求める必要はない。ただし、本書のサンプルコードのかなりの部分を製品マニュアルに転記するような場合には、そのための許可が必要となる。

　出典を明記する必要はないが、そうしていただければうれしい。出典にはKevin Townsend、Carles Cufí、Akiba、Robert Davidson著『Bluetooth Low Energyをはじめよう』(オライリー・ジャパン刊)のように、著者、タイトル、出版社などを記載していただきたい。

　サンプルコードの使用について、上記で許可している範囲を超えると感じられる場合は、permissions@oreilly.comまで(英語で)ご連絡をいただきたい。

質問と意見

本書に関する意見や質問は、以下へ送ってほしい。

 株式会社オライリー・ジャパン
 電子メール japan@oreilly.co.jp

http://bit.ly/gs-with-bluetooth-low-energy からアクセスできるこの本のウェブページには、正誤表、サンプルなどの追加情報が掲載されている。
本書に関する技術的な質問や意見は、次の宛先へ電子メールを送ってほしい。
 japan@oreilly.co.jp
 bookquestions@oreilly.com(英文)

オライリーに関するその他の情報については、次のオライリーのWebサイトを参照してほしい。

 http://www.oreilly.co.jp
 http://www.oreilly.com(英文)
 Facebook: http://facebook.com/oreilly
 Twitter: http://twitter.com/oreillymedia
 YouTube: http://www.youtube.com/oreillymedia

謝辞

ClaraとJudithには彼らの果てしない忍耐と理解について、Ha ThachにはnRF51822向けのGNUコードベースに関する彼の果てしない協力について、そしてptとLimorには日々この本のために手伝ってくれたことについて、感謝する。
—— Kevin Townsend

Carlaには絶え間ないキーボードの音を我慢してくれたことについて、そしてVinayakには長年にわたり彼から教わったことすべてについて、感謝する。
—— Carles Cufí

このような素晴らしいチームで仕事ができることはめったにない。すべての共著者には私をこのプロジェクトに参加させてくれたことについて、そしてO'Reillyのスタッフにはこの本の制作過程のすべてを垣間見させてくれたことについて、感謝したい。また世界中のハッカーコミュニティとハッカースペースには、常にインスピレーションを与えてくれたことについて、また私がワークショップで教えられるようになるまで勉強するよう仕向けてくれたことについて、感謝したい。そして最後に、ワイヤレスセンサーネットワークのコミュニティとそこに参加しているすべてのクレイジーな人々に感謝したい。彼らの多くはハッカーコミュニティと、またこの本にも参加しているからだ。
—— Akiba

息子のJosephと娘のLeahに、私がこの本に取り組むために一緒にいる時間をあきらめてくれたことについて感謝する。
—— Robert Davidson

1 イントロダクション
Introduction

　Bluetooth Low Energy（BLE、マーケティング用語としてはBluetooth Smartと呼ばれることもある）は、Bluetooth 4.0 Core Specificationの一部として誕生した。兄貴分である従来のBluetoothと比べて、よりコンパクトで高度に最適化されたバージョンとしてBLEを紹介したいのはやまやまだが、実際のBLEは生まれも設計目標もまったく異なる技術だ。

　最初NokiaによってWibreeとして設計され、その後Bluetooth Special Interest Group（SIG）に引き継がれたBLEは、あまりに大がかりな、あらゆる問題を解決しようとするもう1つのワイヤレスソリューションとして提案されたものではない。最初から、目標は低コスト、低帯域幅、ローパワー、そして低複雑度に最適化された、可能な限り低消費電力の無線標準を設計することに絞られていた。

　これらの設計目標は、コア仕様に明確に示されている。BLEは本物のローパワー標準となることを目指して、シリコンベンダーによって現実に実装され、現実世界のエネルギーとシリコンの要求条件の厳しい分野で使われるために設計されているからだ。広く採用された標準としては、ちっぽけなコイン電池で長い間動作し続けるという主張が初めて現実的なものとなるかもしれない。もっとも他のワイヤレス技術の多くも、マーケティング的にはそのような主張をしているのが通例なのだが。

BLEはどこが違うのか

　Bluetooth Low Energyは独自の長所を持つ良い技術だが、BLEを本当にエキサイティングなものにしている（そしてこれまで驚くべき速さで採用されてきた原動力となっている）のは、正しい時点で正しい妥協を行った、正しい技術であるという事実だ。比較的新しい標準である（公開されたのは2010年のことだ）にもかかわらず、BLEは前例がないほどの速さで採用されており、またすでにBLEを採用して設計された製品の数も、リリースサイクル中の同一時点で比較した場合、明らかに他のワイヤレス技術を凌駕している。

　他のワイヤレス標準と比べてBLEが急速に成長している理由の説明は、比較的簡単だ。BLEの圧倒的な普及の速さは、スマートフォンやタブレット、そしてモバイルコンピューティングの驚くべき成長と軌を一にしている。AppleやSamsungといったモバイル業界の巨人たちが初期から積極的にBLEを採用したことによって、BLEがより広範囲に実装されるための扉が開かれたのだ。

　特にAppleは、信頼性の高いBLEスタックを開発しBLE関連の設計ガイドラインを

公表することに多大な労力をつぎ込んできた。これはまた、シリコンベンダーが長期的に成功し繁栄しそうだと感じたこの技術へ、限られたリソースを投入することも後押しした。Appleの承認というお墨付きが、研究開発投資を正当化する際に説得力のある根拠となることは明らかだ。

　モバイルやタブレットの市場は次第に成熟し、コストやマージンは削られてきている一方で、これらのデバイスで外部世界との接続性を提供するニーズは今後大きく伸びる可能性を秘めている。またこれによって周辺機器メーカーには、人々が現時点で存在することすら気づいていないような問題に革新的ソリューションを提供するという、ユニークな機会が与えられている。

　BLEにはさまざまな利便性があり、また小規模で小回りの利く製品設計者にとって、タスクに特化したクリエイティブで革新的な製品を比較的低廉な設計予算で開発し、大きな可能性のある市場へ参入するためのドアは大きく開かれている。オールインワンの無線とマイクロコントローラーを組み合わせた（システム・オン・チップの）ソリューションは、少量でも1個あたり2ドル以下の価格で購入できる。これはWiFiやGSM、Zigbeeなど、類似のワイヤレス技術の総合価格よりもかなり安いものだ。そしてBLEを使えば、簡単に入手できるチップやツール、そして標準を活用して、どんな最新のモバイルプラットフォームとも対話できる実用的な製品を、**今日から**設計できるのだ。

　BLEの成功に寄与した、あまり意識されていないが重要な要素の1つは、データをやり取りするための拡張可能なフレームワークとして役立つよう設計されているという点かもしれない。これは、厳密なユースケースのセットに主眼を置いていたクラシックBluetoothとの根本的な違いだ。それに対してBLEは、基盤となる技術について膨大な知識がなくとも、アクセサリから取り込んだデータを利用してアイデアを実現できるよう構想されている。スマートフォンのメーカーはその価値を最初から理解していたので、モバイルアプリケーション開発者が自分たちの好きな方法でBLEフレームワークを自由に活用できるような、柔軟性のある比較的低レベルのAPIが提供されることになった。

　スマートフォンやタブレットと対話するデバイスにはもう1つ、製品設計者にとって見過ごされがちな利点がある。それは、使ってもらうための障壁が非常に低いという点だ。ユーザーは自分の持っている携帯電話やタブレットの使い方にはすでに慣れているので、彼らの使うプラットフォームで慣れ親しんだリッチな視覚言語が尊重されていれば、苦労せずに新たなUIを習得してくれるだろう。

　データモデルが比較的理解しやすく、わずらわしいライセンス費用がなく[*1]、コア仕様が費用なしで入手でき、そしてプロトコルスタック全体がスリムであることを考え合わせると、プラットフォーム設計者やモバイルメーカーがBLEを勝ち組とみなしている理由は明らかだろう。

[*1] 訳注：これについては2014年2月から方針が変更されたようだ。以下のURLから日本語も含めた資料がダウンロードできる。
https://www.bluetooth.org/ja-jp/test-qualification/qualification-overview/listing-process-updates

規格

　2010年6月、Bluetooth SIGがBluetoothコア規格のバージョン4.0とともにBluetooth Low Energyを世に送り出した。この規格は数年をかけて策定されたもので、議論の多かったセクションや決定の大部分は最終的に開発プロセスに参加した企業によって解決され、またいくつかの追加的な懸念点は規格のその後の更新にゆだねられた。

　その最初の主要な更新となったBluetooth 4.1は2013年12月にリリースされ、これがBLE製品を開発する際の現時点での参照規格だ。基本的な構成要素や手順、そして概念は変更されていないが、このリリースでは利用者にスムーズな体験を可能とするためにいくつかの変更と改善も行われている。

　すべてのBluetooth規格と同様、4.1は4.0と後方互換であり、規格の異なるバージョンを実装したデバイス間で正しく相互運用できることが保証されている。Bluetooth規格では（廃止される前であれば）どのバージョンに対しても準拠した製品をリリースすることが許されているが、新たにリリースされた規格が急速に受け入れられていること、そしてバージョン4.1ではデバイス間に共通のプラクティスがいくつか標準化されていることから、入手できる最新の規格に準拠することが推奨される。

　特に注記のない限り、この本ではBluetooth 4.1を参照規格として利用する。必要な場合、また特に注意すべき変更や追加に言及する際には、先の4.0規格でカバーされていなかった領域について説明する。

　採択済みBluetooth規格の最新バージョンを取得する方法については、Bluetooth SIGの「規格に採用された文書」のページ（https://www.bluetooth.org/ja-jp/specification/adopted-specifications）を参照してほしい。

構成

　Bluetooth規格では、クラシックBluetooth（現在まで長年にわたり多くの消費者向けデバイスに広く採用されてきた、よく知られたワイヤレス標準）と、Bluetooth Low Energy（4.0で導入された、高度に最適化された新しいワイヤレス標準）の両方を対象としている。これら2つのワイヤレス通信標準は**直接の互換性**がなく、また4.0以前のいずれかのバージョンの規格に準拠したBluetoothデバイスは、どうがんばってもBLEデバイスと通信することはできない。これら2つの技術の間では、無線プロトコルや上位プロトコル層、そしてアプリケーションが異なっているため、互換性がないのだ。

規格がサポートする構成

　表1-1に、現在市場に出回っている3つの主要なデバイスの種類について、実装されて

いるワイヤレス技術を示す。

デバイス	BR/EDR（クラシックBluetooth）のサポート	BLE（Bluetooth Low Energy）のサポート
Bluetooth 4.0以前	あり	なし
4.xシングルモード（Bluetooth Smart）	なし	あり
4.xデュアルモード（Bluetooth Smart Ready）	あり	あり

表1-1 規格の構成

　これを見てわかるように、Bluetooth規格（4.0以上）では2種類のワイヤレス技術が定義されている。

- **BR/EDR（クラシックBluetooth）**
  Bluetooth規格1.0から発展を続けてきたワイヤレス標準。

- **BLE（Bluetooth Low Energy）**
  Bluetooth規格のバージョン4.0で導入された低電力ワイヤレス標準。

　また、これらの構成とともに利用されるデバイスの種別にも2種類ある。

- **シングルモード（BLE、Bluetooth Smart）デバイス**
  BLEを実装するデバイスで、他のシングルモードデバイスやデュアルモードデバイスとは通信できるが、BR/EDRのみをサポートするデバイスとは通信できない。

- **デュアルモード（BR/EDR/LE、Bluetooth Smart Ready）デバイス**
  BR/EDRとBLEを両方とも実装するデバイスで、どのBluetoothデバイスとも通信できる。

　図1-1に、利用可能なBluetoothバージョンとデバイス種別によって可能な構成と、これらのデバイスが互いに通信するためのプロトコルスタックを示す。
　市場に投入されるBR/EDRデバイスでBLEもサポートするものは次第に増えてきており、シングルモードBLEセンサーの普及につれて、この傾向は今後も続くと予想される。これらのデュアルモードデバイスは、シングルモードBLEデバイスから取得したデータをGSMやWiFi無線通信を利用してインターネットへ中継することができる。この機能は、市場に投入されるBLEセンサーの増加に伴い、いっそう普及していくことになるだろう。

図1-1 Bluetoothバージョンとデバイス種別の構成

チップ構成

2章では、Bluetoothプロトコルスタックを構成するプロトコル層について見ていくことになるが、ここではすべてのBluetoothデバイスの主要な構成要素を3つ説明しておけば十分だろう。

- **アプリケーション**
  具体的なユースケースをカバーするためにBluetoothプロトコルスタックとインタフェースするユーザーアプリケーション。

- **ホスト**
  Bluetoothプロトコルスタックの上位層。

- **コントローラー**
  Bluetoothプロトコルスタックの、無線を含む下位層。

加えて、規格ではホストとコントローラーとの間の標準的な通信プロトコル、ホスト・コントローラー・インタフェース（HCI）が規定されており、これによって別の会社で製造されたホストとコントローラーとの間の相互運用性が保たれる。

これらの層は、1個のIC（集積回路）やチップに実装することもできるし、通信層（UART、USB、SPIなど）を介して接続される複数のICに分割することもできる。

現時点で市販されている製品では、以下の3種類の構成が最も普通に見られる。

- **SoC（システム・オン・チップ）**
  1個のICで、アプリケーションとホスト、そしてコントローラーのすべてが動作する。

- **HCIで接続されたデュアルIC**
  1個のICではアプリケーションとホストが動作し、コントローラーが動作するもう1個のICとHCIで通信する。この構成の利点は、HCIがBluetooth規格で定義されているため、メーカーに関係なくホストとコントローラーが自由に組み合わせられることだ。

- **接続デバイスを介したデュアルIC**
  1個のICではアプリケーションが動作し、ホストとコントローラーの両方が動作するもう1個のICと、独自プロトコルを使って通信する。規格にはそのようなプロトコルは含まれていないため、選択したメーカーの固有のプロトコルにアプリケーションを適合させる必要がある。

図1-2に、さまざまなハードウェア構成とBluetoothプロトコルスタック層との関係を示す。

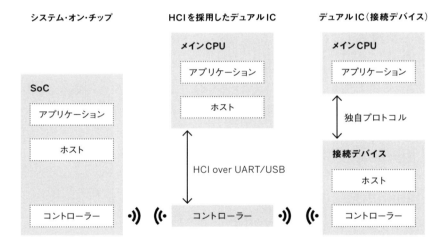

図1-2 ハードウェア構成

シンプルなセンサーではコストとプリント基板（PCB）の複雑さを抑えるためSoC構成が用いられる傾向があるが、スマートフォンやタブレットではプロトコルスタックを実行できる強力なCPUがすでにあるためHCI接続のデュアルIC構成が普通だ。接続用デバイスを介したデュアルIC構成は、たとえば専用のマイクロコントローラーを使った腕時計へ設計をやり直さずにBLEを追加したい場合など、それ以外のシナリオに用いられる。

重要な制約

工学の世界では良い設計には正しいトレードオフが欠かせないが、Bluetooth Low Energyも例外ではない。あらゆるワイヤレスデータ転送のニーズに対応するソリューションをBLEは目指しているわけではないし、もちろんクラシックBluetoothやWiFi、NFCなど他のワイヤレス技術にも、独自の設計判断やトレードオフに応じた得意分野がある。

BLEの得手（と不得手）を理解するために、（Bluetooth 4.0とそれ以降の規格に定義される）重要な制約と、これらの制約が現実の製品にどのように影響するのかを認識しておこう。

データのスループット

Bluetooth Low Energyの無線の変調速度は、規格によって常に1Mbpsに固定されている。これがBLEで実現可能なスループットの**理論的な**上限となるが、現実にはもっと低い値に制限されるのが普通だ。その要因としては、双方向トラフィック、プロトコルのオーバーヘッド、CPUや無線の限界、そして人為的なソフトウェアの制約などが考えられる。

これらの現実的な制約を理解するために、以下の基本的な前提条件を使って計算してみよう。

- セントラル（マスター）デバイスが、ペリフェラル（スレーブ）アクセサリとのコネクションを開始し、確立する。
- 規格では、アクティブなコネクションにおいて2つの連続するコネクションイベント（データをやり取りしてから電源を節約するためにアイドル状態へ戻るまで）の間隔をコネクション間隔と定義しており、このコネクション間隔は7.5ミリ秒から4秒までの間の値に設定できる。

020ページの「リンク層」と040ページの「役割」では、コネクション中の役割の違いについて詳細に説明している。この例では、Nordic Semiconductor製造の入手が容易なSoC（システム・オン・チップ）BLE IC、nRF51822を使うことにする。これは、市販のさまざまなBLEアクセサリに採用されているICだ。Nordicの無線ハードウェアとBLEスタックには、以下のデータスループットの制限がある。

- nRF51822は、コネクション間隔ごとに6個までのデータパケットを送信できる（ICの制限）。
- 送信データパケットは、20バイトまでのユーザーデータを含むことができる（より大きなパケットサイズがネゴシエーションされない限り、規格によって課される制限）。

最も短いコネクション間隔（マスターとスレーブがパケットをやり取りする頻度、025ページの「コネクション」で説明する）7.5ミリ秒を想定すると、1秒あたり133回のコネクションイベント（2つのピア間での1回のパケットのやり取り）とコネクションイベントあたり120バイト（6パケット×パケットあたり20バイト）が最大だ。nRF51822の最大データレートで連続的に送信すると仮定した場合、以下の現実的な計算値が得られる。

毎秒133回のコネクションイベント×120バイト＝15960バイト／秒
または約0.125Mbit/s（約125kbit/s）

これでもすでにBLEの理論的な最大値よりはかなり低いが、データをプッシュする相手のピアデバイス（通常はスマートフォンやタブレットなどのスマートなデバイス）によって、さらに制限が追加される可能性がある。

お使いのスマートフォンやタブレットも他のデバイスとの通信で忙しいかもしれないし、メーカーの実装するBLEスタックには特有の制限が必ずあるため、セントラルデバイスが最大データレートでデータを処理することも実際にはできないかもしれない。またそれ以外のさまざまな要因によって、実際のコネクション間隔は最初に計画したものよりも長くなったり、不規則になったりする可能性もある。

そこで現実的には、典型的な最良のシナリオで実現可能な最大データスループットとして、1秒あたり5～10KB（ピアの両方に依存する）程度を想定しておくのがよいだろう。こう考えれば、携帯電話やタブレットへのデータのプッシュに関してBluetooth Low Energyでできることとできないことが見えてくるだろうし、またWiFiやクラシックBluetoothなど他の技術にも得意分野があることがわかるだろう。

何もしないための努力

時間とともに速度が向上するのが普通なこの世界で、毎秒10KBという速度は非生産的なほど遅く感じられるかもしれない。しかしこれは、Bluetooth Low Energyの主要な設計目標（ローエネルギー!）を体現したものなのだ。毎秒10KBというつつましいデータレートでの送信でさえ、小さなコイン型電池はすぐに消耗してしまう。そのためBluetooth SIGは、もう1つの汎用ワイヤレスプロトコルを設計してしまわないように明確な意識を持って、「低電力」というラベルを張り付けたのだ。できる限り低電力のプロトコルを設計するという目標を達成するために可能なあらゆる最適化が行われた。貴重な電池の電力消費を避ける最も簡単な方法は、できるだけ頻繁に、そしてできるだけ長く無線の電源をオフにすることであり、これを達成するために一定の（コネクション間隔によって決まる）頻度で短い（コネクションイベント中の）パケットバーストが行われる。次のパケットバーストまで、無線の電源は単純にオフにできる。

つまり、少量のデータが短いバーストで送信され、コネクション間隔は電池の寿命を延ばすため、なるべくまばらに設定される。ユーザーが選択可能な7.5ミリ秒〜4秒というコネクション間隔は、BLEの設計思想から遠く外れることなしに、応答性（短いコネクション間隔）と電池寿命（長いコネクション間隔）との間で製品設計者が正しいトレードオフを行うために十分に広いウィンドウを提供する。

到達距離

ワイヤレスデバイスの実際の到達距離はさまざまな要因（動作環境、アンテナの設計、ケース、デバイスの向きなど）によって左右されるが、当然のことながらBluetooth Low Energyでは非常に短い距離の通信に的を絞っている。

送信電力（通常はdBmを単位として測定される）は一定の範囲（通常は−30〜0dBm）に設定できるのが普通だが、送信電力が高くなる（到達距離が長くなる）ほど電池に負担がかかり、電池の使用可能寿命が短くなる。

30メートル以上の**見通し距離**まで確実にデータを送信できるようにBLEデバイスを作ったり設定したりすることは可能だが、たぶん通常の到達距離は2〜5mほどであり、エンドユーザーが送信距離に不満を感じない範囲で到達距離を短くして電池の寿命を延ばすように意識的な努力がなされる。

ネットワークのトポロジー

Bluetooth Low Energyデバイスは、**ブロードキャスト**と**コネクション**という、2つの方法で外の世界と通信できる。これらのメカニズムには、それぞれの利点と制限があり、また両方ともGAP（汎用アクセス・プロファイル）によって規定されるガイドラインに束縛される。GAPについては3章で詳しく説明する。

ブロードキャスターとオブザーバー

コネクションレスの**ブロードキャスト**を利用して、到達可能な範囲に存在するスキャン中のデバイスや受信者へ、データを送信することができる。図1-3に示すように、このメカニズムは基本的に、送信されたデータを受信可能な誰か、あるいは何かへ、**一方的に**データを送信するためのものだ。

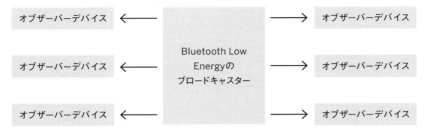

図 1-3 ブロードキャストのトポロジー

ブロードキャストでは、2つの役割が定義される。

- **ブロードキャスター**
 コネクション不可の**アドバタイズ**パケットを定期的に、それを受信したい誰かへ向けて送信する。

- **オブザーバー**
 事前に設定された周波数を繰り返しスキャンして、その時点でブロードキャストされているコネクション不可のアドバタイズパケットを受信する。

 ブロードキャストは、デバイスが一度に2つ以上のピアに対してデータを送信する唯一の方法であるため、理解しておくことが重要だ。データのブロードキャストは、BLEのアドバタイズ機能を利用して行う。これについては022ページの「アドバタイズとスキャン」および043ページの「ブロードキャストとオブザベーション」でさらに詳しく説明する。
 標準的なアドバタイズパケットには、ブロードキャスターとそのケーパビリティを示すデータを格納するための31バイトのペイロードが含まれるが、これには他のデバイスへブロードキャストしたい任意のカスタム情報を格納することもできる。この標準的な31バイトのペイロードに必要なデータが収まりきらない場合のために、BLEではオプションとして二次的なアドバタイズペイロード(**スキャン応答**と呼ばれる)もサポートされている。これによって、ブロードキャストしているデバイスを検出したデバイスが、やはり31バイトのペイロードを持つ2番目のアドバタイズフレーム(合計で62バイトまで)を要求することができる。
 ブロードキャストは高速で使いやすく、また少量のデータだけを決まったスケジュールで、または複数のデバイスへプッシュしたい場合に向いている。9章では、BLEのコネクションレスブロードキャストをiBeaconと組み合わせて使う実用例を紹介する。
 通常のコネクションと比較したブロードキャストの主な制限は、セキュリティやプライバシーの手段がまったく提供されない(ブロードキャストされているデータはどのオブザーバーデバ

イスも受信できる）ことであり、そのため機密性のあるデータには適さない。

コネクション

　データを双方向に送信する必要がある場合、あるいはデータが2個のアドバタイズペイロードに収まらない場合には、**コネクション**を使う必要がある。**コネクション**とは、**2つのデバイス**間での永続的で周期的なパケットデータのやり取りであり、したがって本質的にプライベートだ（データの送受信はコネクションに参加している2つのピアだけによって行われ、他のデバイスは無差別にスニッフィングしていない限り不可能だ）。025ページの「コネクション」では低レベルのコネクションに関する情報をさらに提供し、また040ページの「役割」では対応するGAP役割について説明する。

　コネクションには、2つの役割が関係する。

- **セントラル（マスター）**
  事前設定された周波数でコネクション可能なアドバタイズパケットを繰り返しスキャンし、適宜コネクションを開始する。コネクションが確立されると、定期的にデータをやり取りするタイミングの管理とその開始は、セントラルによって行われる。

- **ペリフェラル（スレーブ）**
  定期的にコネクション可能なアドバタイズパケットを送信し、コネクション要求を受け付ける。コネクションが有効となった後は、ペリフェラルはセントラルのタイミングにしたがって、セントラルと定期的にデータをやり取りする。

　コネクションを開始するには、ペリフェラルからのコネクション可能なアドバタイズパケットをセントラルデバイスが拾い出し、次に2つのデバイス間で排他的なコネクションを確立するための要求をペリフェラルへ送信する。コネクションが確立されるとペリフェラルはアドバタイズを停止し、図1-4に示すように2つのデバイスは双方向でデータのやりとりを始められる。

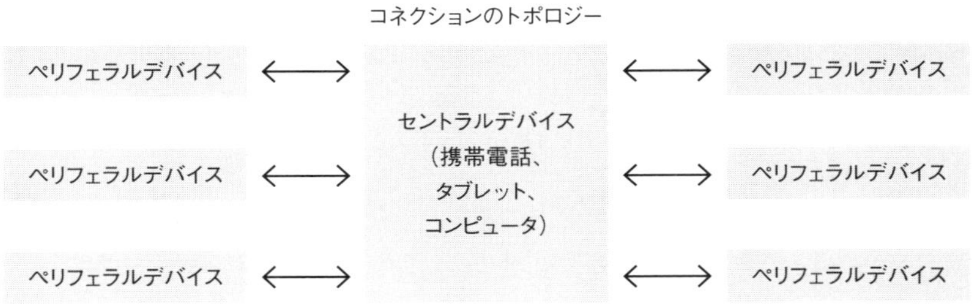

コネクションのトポロジー

ペリフェラルデバイス	⟷		⟷	ペリフェラルデバイス
ペリフェラルデバイス	⟷	セントラルデバイス （携帯電話、 タブレット、 コンピュータ）	⟷	ペリフェラルデバイス
ペリフェラルデバイス	⟷		⟷	ペリフェラルデバイス

図1-4　コネクションのトポロジー

つまりコネクションとは、それに参加する2つのピアの間である特定の時点（コネクションイベント）にデータを周期的にやり取りすることに他ならない。セントラルはコネクションの確立を管理するデバイスではあるが、データはそれとは独立して各コネクションイベントの間はどちらのデバイスからも送信でき、また役割はデータのスループットや優先度を制約するものではないということは、重要なので注意しておいてほしい。

規格のバージョン4.1からは、役割の組み合わせに関する制約が撤廃され、下記のすべてが可能となった。

- 1台のデバイスが、同時にセントラルおよびペリフェラルとして動作できる。
- セントラルが複数のペリフェラルとコネクション可能。
- ペリフェラルが複数のセントラルとコネクション可能。

Bluetooth規格の過去のバージョンでは、ペリフェラルは1台のセントラルとのコネクションに制限されており（しかし逆の制約はない）、役割の組み合わせにも制限があった。

コネクションの（ブロードキャストと比較して）最大の利点は、追加的なプロトコル層を利用することによって、各フィールドまたはプロパティをより精密にコントロールしながら構造化できることだ。この追加的なプロトコル層は、具体的には汎用アトリビュート・プロファイル（GATT）と呼ばれる。データは**サービス**と**特性**と呼ばれるものを単位として構造化される（4章でさらに詳しく説明する）。

覚えておいてほしい重要な点は、複数のサービスや特性に意味のある構造を持たせることができるということだ。サービスは複数の特性を含むことができ、特性にはそれぞれ独自のアクセス権と記述的なメタデータを持たせることができる。それ以外のコネクションの利点としては、高いスループット、セキュアな暗号化されたリンクを確立できること、そしてデータモデルに合致したコネクションパラメータのネゴシエーションなどが挙げられる。

コネクションを使えば、はるかにリッチで階層化されたデータモデルが実現できる。また、電力消費をブロードキャストモードよりもはるかに少なく抑えられる可能性もある。これは、受信者や受信頻度の知識なしに一定の頻度でペイロード全体を常にアドバタイズしなくてはならないブロードキャストとは異なり、コネクションイベント間の時間間隔を大幅に引き伸ばしたり、新しい値の場合にだけ大きなデータの塊をプッシュしたりできるためだ。それだけではなく、将来どの時点でコネクションイベントが発生するか両方のピアがわかっているため、無線をより長い時間オフにしておくことができ、ブロードキャストと比較して電池の電力を節約できる可能性がある。

最後に、これらのトポロジーはより広範囲のBLEネットワークの中で、図1-5に示すように自由に混ぜ合わせることができる。BR/EDR/LE対応デバイスはBLEとBR/EDRのコネクションをブリッジ接続できるので、ネットワーク上の組み合わせやデバイスの数を制約するのは、そこに参加する各デバイスの無線とプロトコルスタックの制限だけだ。

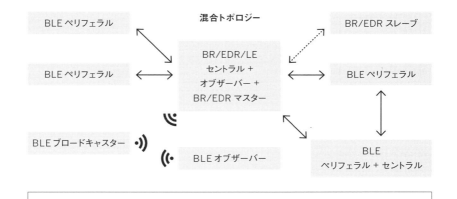

図1-5 混合トポロジー

　複数の役割を並行して兼ね備えることのできる、さらに高度なデュアルモードとシングルモードのデバイスが登場し始めている。これらのデバイスは同時に複数のコネクションに参加でき、またアドバタイズを利用してデータをブロードキャストすることもできる。

プロトコルとプロファイル

　Bluetooth規格では最初から、**プロトコル**と**プロファイル**の概念が明確に区別されていた。

- **プロトコル**

　プロトコルは、Bluetooth規格に準拠するすべてのデバイスが利用するビルディングブロックであり、ピア間で効率的にデータを送受信できるように、さまざまなパケットのフォーマットやルーティング、多重化、エンコードやデコードが実装される層だ。

- **プロファイル**

　プロファイルは、すべてのデバイスに要求される基本的な動作モード（汎用アクセス・プロファイル、汎用アトリビュート・プロファイル）か、特定のユースケース（近接プロファイル、ブドウ糖プロファイル）のどちらかをカバーする機能の「縦割り」であって、本質的には、一般的であれ具体的であれ、特定の目標を達成するためにプロトコルを利用する方法を定義するものだ。

013

2章ではプロトコルについて詳細に説明するが、以下のセクションではプロファイルを簡単に紹介し、アプリケーション開発者にとってどんな意味を持つのかを説明する。

汎用プロファイル

汎用プロファイルは規格で定義されるもので、このうちの2つは異なるメーカーのBLEデバイス間の相互運用性を確保する基礎となるため、理解しておくことが重要だ。

- **汎用アクセス・プロファイル（GAP）**
  より低レベルの無線プロトコルの利用モデルをカバーして、デバイスがデータをブロードキャストしたり、他のデバイスを検索したり、コネクションを確立したり、コネクションを管理したり、またセキュリティレベルをネゴシエーションするための役割、手順、そしてモードを定義するGAPは、本質的にはBLEの最上位の制御層だ。このプロファイルはすべてのBLEデバイスに必須であり、また必ず準拠しなくてはならない。

- **汎用アトリビュート・プロファイル（GATT）**
  BLEのデータのやりとりをつかさどるGATTは、デバイスが互いにデータ要素を検索し、読み出し、書き込み、そしてプッシュするための基本的なデータモデルと手順を定義する。これは、本質的にはBLEの最上位のデータ層だ。

GAP（3章でより詳しく説明する）とGATT（4章でより詳しく説明する）はBLEにとって基本的なものであるため、アプリケーションがプロトコルスタックと対話するためのエントリーポイントであるAPI（アプリケーション・プログラマ・インタフェース）の基盤として利用されることも多い。

ユースケース特有のプロファイル

このセクションや他の場所に出てくるユースケース特有のプロファイルは、GATTベースのプロファイルに限定されている。つまり、これらのプロファイルはすべて、GATTプロファイルの手順と動作モードを基本的なビルディングブロックとして利用することによって、さらに機能を拡張しているのだ。

本書の執筆時点で非GATTプロファイルは存在しないが、規格のバージョン4.1ではL2CAPコネクション指向チャネルが導入されたため、将来はGATTレスのプロファイルが登場することになるかもしれない。

SIGによって定義されたGATTベースのプロファイル

Bluetooth SIGは、BLEネットワークに参加するデバイスの最上位の制御層とデータ層の堅固な参照フレームワークを提供しているだけではない。USB規格と同じように、

GATTベースの事前に定義されたユースケースプロファイルのセットも提供されていて、これらはさまざまな特有のユースケースを実装するために必要なすべての手順とデータフォーマットを完全にカバーしている。いくつか例を挙げてみよう。

- **Find Meプロファイル**
  デバイスが、他のデバイスの物理的な位置を特定できる（キーホルダーから電話を見つけたり、逆に電話からキーホルダーを見つけたりできる）。

- **近接（Proximity）プロファイル**
  近くのデバイスの存在または不在を検出する（部屋を出るときに忘れ物があればビープ音で知らせてくれる）。

- **HID over GATTプロファイル**
  BLE上でHIDデータを転送する（キーボード、マウス、リモコン）。

- **ブドウ糖（Glucose）プロファイル**
  BLE上でブドウ糖のレベルをセキュアに転送する。

- **体温計（Health Thermometer）プロファイル**
  BLE上で体温の測定値を転送する。

- **自転車の速度とケイデンス（Cycling Speed and Cadence）プロファイル**
  自転車のセンサーから、速度とケイデンスのデータをスマートフォンやタブレットへ送信できる。

SIGによって承認されたプロファイルの完全なリストは、Bluetooth SIGの「規格に採用された文書」のページ（https://www.bluetooth.org/ja-jp/specification/adopted-specifications）に掲載されている。また、Bluetoothのサービスと特性をBluetooth開発者ポータル（https://developer.bluetooth.org/Pages/default.aspx）で直接閲覧したり、もっと具体的に現時点で採用されているすべてのサービスのリスト（https://developer.bluetooth.org/gatt/services/Pages/ServicesHome.aspx）を見たりすることもできる。

メーカー独自のプロファイル

　Bluetooth規格では、SIGによって定義されたプロファイルでカバーされないユースケースのために、メーカーが独自のプロファイルを定義することも認めている。これらのプロファイルは特定のユースケースに関わる2つのピア（たとえば、スマートフォンのアプリケーションと健康管理アクセサリ）にプライベートなものにしておくこともできるし、そのメーカーの提供する仕様に基づいたプロファイルを他社も実装できるようにメーカーが公表することもできる。

後者の例としては、AppleのiBeacon（詳細については144ページの「iBeacon」を参照）や、Apple通知センターサービス（151ページの「外部ディスプレイへのApple通知センターサービス」を参照）などがある。

2 プロトコルの基本
Protocol Basics

　ユーザーは通常、Bluetooth Low Energyプロトコルスタックの上位層のみと直接インタフェースするが、BLEがどのように、またなぜそのように動作しているのか理解するための確実な足場として、プロトコル全体の基本的な知識を身に付けておけば役に立つ。
　図2-1に示すように、シングルモードBLEデバイスは、コントローラー、ホスト、そしてアプリケーションという3つの部分に分けられる。
　これら基本的なプロトコルのビルディングブロックは、それぞれ動作に必要とされる機能を提供する数個の層に分割される。

- **アプリケーション**
あらゆる他のシステムと同じように、アプリケーションはロジックやユーザーとのインタフェース、そしてアプリケーションが実装する現実のユースケースに関連したすべてのデータのハンドリングが含まれる最上位層だ。アプリケーションのアーキテクチャは、具体的な実装に大きく依存する。

- **ホスト**
以下の層が含まれる。
  - 汎用アクセス・プロファイル(GAP)
  - 汎用アトリビュート・プロファイル(GATT)
  - 論理リンク制御およびアダプテーションプロトコル(L2CAP)
  - アトリビュート・プロトコル(ATT)
  - セキュリティ・マネージャ(SM)
  - ホスト・コントローラー・インタフェース(HCI)のホスト側

- **コントローラー**
以下の層が含まれる。
  - ホスト・コントローラー・インタフェース(HCI)のコントローラー側
  - リンク層(LL)
  - 物理層(PHY)

この章では、BLEデバイスを構成するさまざまなパーツをセクションごとに、下位（アンテナ）から上位（ユーザーとのインタフェース）への順番で説明していく。

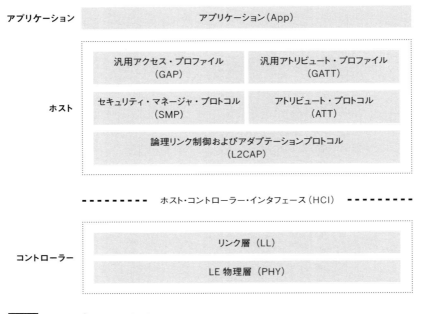

図2-1 BLEのプロトコルスタック

物理層

物理層（PHY）は、アナログ信号の変調と復調、そしてデジタルシンボルとの変換をつかさどるアナログ通信回路が実際に含まれる部分だ。

電波方式としては、2.4 GHz ISM（産業・科学・医療用）周波数帯が2.4000GHzから2.4835GHzまでの40チャネルに分割されて通信に用いられる。図2-2に示すように、これらのチャネルのうち37個はコネクションデータに用いられ、最後の3チャネル（37、38、そして39）がアドバタイズチャネルとして、コネクションの設定とブロードキャストデータの送信に用いられる。

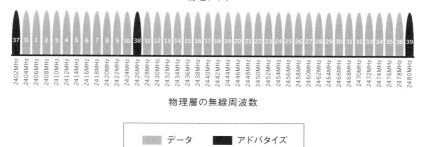

図2-2 周波数チャネル

この標準では**周波数ホッピング・スペクトラム拡散**と呼ばれるテクニックを用いて、コネクションイベントごとに以下の数式から求められるチャネルへ無線が**ホップ**する。

チャネル＝（現在のチャネル＋ホップ数）mod 37

ホップ数の値はコネクション確立時に通知されるため、新たなコネクションが確立されるたびに異なる。このテクニックによって、2.4GHz帯のどこかのチャネルに無線の干渉が存在したとしても、その影響が最小限に抑えられる。この周波数帯ではWiFiやクラシックBluetoothも使われており、またデバイスの近くに強力な電波を発射する他のデバイスが存在すると激しい干渉を受ける可能性があるため、このことは特に重要だ。

ビットストリームを電波にエンコードするための変調方式はガウシャン周波数シフトキーイング（GFSK）と呼ばれるもので、これはクラシックBluetoothやその他いくつかの低電力ワイヤレスプロトコルに使われているものと同じだ。Bluetooth Low Energyの変調速度は毎秒1Mbitに固定されており、そのためこれがBLEの物理的なスループットの上限となっている。

 しかし現実的には、他のプロトコルスタックと同様に、アプリケーションのスループットはこの上限には決して達しない。これは主に、さまざまな層ごとに発生するプロトコルオーバーヘッドのためだ。

リンク層

　リンク層はPHYと直接インタフェースする部分で、通常はカスタムハードウェアとソフトウェアの組み合わせとして実装される。またリンク層は、規格で定義されたタイミング制約のすべてを満たす責任を負っているため、プロトコルスタック全体の中で厳しいリアルタイムの制約が課される唯一の層でもある。したがってリンク層は、複雑さとリアルタイム要件を他の層から隠すための標準インタフェースを用いて、プロトコルスタックの上位層から分離されているのが普通だ（028ページの「ホスト・コントローラー・インタフェース（HCI）」を参照）。

　計算量が大きく自動化が容易な機能は、プロトコルスタック中のソフトウェア層すべてを実行するCPUの負荷を軽減するため、シリコンベンダーによってハードウェアに実装されるのが普通だ。この機能には、通常は以下の処理が含まれる。

- プリアンブル、アクセスアドレス、そして無線プロトコルのフレーミング
- CRCの生成と検証
- データのホワイトニング[*1]
- 乱数発生
- AES暗号化

　リンク層のソフトウェア部分は無線のリンク状態（他のデバイスとのコネクション状況）を管理する。ユースケースと要件に応じて、BLEデバイスは、マスターにもスレーブにも、あるいはその両方になることもできる。コネクションを開始するデバイスはマスターとなり、可用性をアドバタイズしコネクションを受け付けるデバイスはスレーブとなる。

　マスターは複数のスレーブとコネクションでき、またスレーブも複数のマスターとコネクションできる。通常はスマートフォンやタブレットなどのデバイスがマスターとして動作することが多く、また自立型センサーなど、より小型で単純なメモリに制約のあるデバイスはスレーブの役割を受け持つのが普通だ。

　Bluetooth Low Energyでは、マスターデバイスとスレーブデバイスとの間に低位層での本質的な非対称性が存在する。マスターとして動作するには、より多くのリソースが要求されるからだ。この非対称性は、USBホストがUSBデバイスよりも多くのリソースを必要とするUSBと似ている。この種の非対称性がアーキテクチャに組み込まれていることによって、スマートフォンやタブレットなど、より多くのリソースを持つデバイスでプロトコルの低レベルでの複雑な処理を行わせることができるため、安価なマイクロコントローラーと無線を使った低コストのペリフェラルが構築できる。

　リンク層では、以下の役割が定義されている。

[*1] 訳注：データに0や1が連続しないようにスクランブル化すること。

- **アドバタイザ**
  アドバタイズパケットを送信するデバイス。

- **スキャナ**
  アドバタイズパケットをスキャンするデバイス。

- **マスター**
  コネクションを開始し、その後管理するデバイス。

- **スレーブ**
  コネクション要求を受け付け、マスターのタイミングにしたがうデバイス。

これらの役割は、論理的に2つのペアへグループ分けできる。アドバタイザとスキャナ（有効なコネクションがない状態）と、マスターとスレーブ（コネクション状態）だ。

Bluetoothデバイスアドレス

EthernetのメディアアクセスMAC制御（MAC）アドレスと同様の、Bluetoothデバイスの基本的な識別子が**Bluetoothデバイスアドレス**だ。この48ビット（6バイト）の数値によって、デバイスがピアの中でユニークに識別される。デバイスアドレスには2種類あり、どちらか、または両方を特定のデバイスに設定することができる。

- **パブリックデバイスアドレス**
  これは、固定されたBR/EDRの工場設定デバイスアドレスと同様のものだ。このアドレスはIEEE Registration Authorityへ登録される必要があり、デバイスの寿命全体にわたって変化することはない。

- **ランダムデバイスアドレス**
  このアドレスは、デバイス上に再書き込みしたり、実行時に動的に生成したりできる。049ページの「アドレス種別」で詳しく説明するように、BLEではさまざまな実用的な用途がある。

手順を行う際には、これら2つのうち、ホストから指定されるほうが利用される。

アドバタイズとスキャン

BLEには1種類のパケットフォーマットと、2種類のパケット（**アドバタイズ**パケットと**データ**パケット）しか存在しない。これによってプロトコルスタックの実装は大幅に簡略化されている。アドバタイズパケットは、2つの目的のために使われる。

- 完全なコネクションを確立するためのオーバーヘッドを必要としない用途において、データをブロードキャストするため。
- スレーブを検索し、コネクションを確立するため。

1個のアドバタイズパケットには、基本的なヘッダ情報（Bluetoothデバイスアドレスが含まれる）以外に31バイトのアドバタイズペイロードが格納できる。このパケットは単純にアドバタイザによって、スキャンしているデバイスが存在するかどうかの事前知識なしに、無線でやみくもにブロードキャストされる。送信頻度はアドバタイズ間隔によって規定される値に固定され、20ミリ秒から10.24秒までの範囲となる。間隔が短いほどアドバタイズパケットがブロードキャストされる頻度は高くなり、これらのパケットがスキャナによって受信される確率も高くなるが、大量のパケットが送信されるため消費電力も大きくなる。

アドバタイズには最大で3つの周波数チャネルが利用され、またアドバタイザとスキャナはまったく同期していないため、スキャナによるアドバタイズパケットの受信が成功するのは、図2-3に示すように、たまたま送信と受信がオーバーラップした場合に限られる。

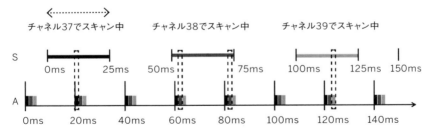

図2-3 アドバタイズとスキャン

スキャン間隔とスキャンウィンドウのパラメータは、スキャナデバイスがアドバタイズパケットを待ち受ける頻度と時間の長さを定義するものだ。アドバタイズ間隔と同様に、これらの値は無線の電源をオンにしておくことが必要な時間の長さと直接関係するので、電力消費に多大な影響を与える。

規格では、2種類の基本的なスキャン手順が定義されている。

- **パッシブスキャン**
スキャナは単純にアドバタイズパケットを待ち受ける。アドバタイザはパケットが実際にスキャナによって受信されたかどうかを知ることはできない。

- **アクティブスキャン**
スキャナは、アドバタイズパケットを受信した後にスキャン要求（Scan Request）パケットを発行する。これを受け取ったアドバタイザはスキャン応答（Scan Response）パケットで応答する。このようにパケットを追加することによって、アドバタイザがスキャナへ送信できる実効ペイロードが倍増するが、これをスキャナがアドバタイザへ何らかのユーザーデータを送信する手段として**使うことはできない**ので注意してほしい。

図2-4に、パッシブスキャンとアクティブスキャンの違いを示す。

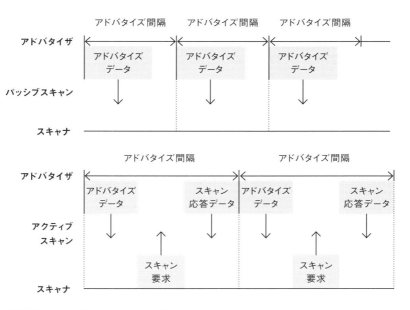

図2-4 アクティブスキャンとパッシブスキャン

アドバタイズパケットの種別は、3つの異なるプロパティにしたがって分類できる。最初のプロパティは**コネクタビリティ**（Connectability）だ。

- **コネクション可能**（Connectable）
  スキャナは、このアドバタイズパケットの受信後にコネクションを開始できる。

- **コネクション不可**（Non-connectable）
  スキャナは、コネクションを開始できない（このパケットはブロードキャストのみを目的としている）。

2番目のプロパティは**スキャナビリティ**（Scannability）だ。

- **スキャン可能**（Scannable）
  スキャナは、このアドバタイズパケットの受信後にスキャン要求を発行できる。

- **スキャン不可**（Non-scannable）
  スキャナは、このアドバタイズパケットの受信後にスキャン要求を発行できない。

そして、3番目が**ディレクタビリティ**（Directability）だ。

- **有向**（Directed）
  この種類のパケットには、宛先となるスキャナとアドバタイザのBluetoothアドレスしかペイロードに含まれていない。ユーザーデータを含めることは許されない。したがって、すべての有向アドバタイズパケットはコネクション可能となる。

- **無向**（Undirected）
  この種類のパケットは特定のスキャナを宛先としておらず、またペイロードにユーザーデータを含めることができる。

表2-1に、アドバタイズパケットの種別とそのプロパティを示す。

アドバタイズ パケットの種別	コネクション	スキャン	有向/無向	GAP
ADV_IND	可能	可能	無向	Connectable Undirected Advertising
ADV_DIRECT_IND	可能	不可	有向	Connectable Directed Advertising
ADV_NONCONN_IND	不可	不可	無向	Non-connectable Undirected Advertising
ADV_SCAN_IND	不可	可能	無向	Scannable Undirected Advertising

表2-1 アドバタイズパケットの種別

アドバタイズパケットの種別は上位層で利用される。具体的にいうと、動作モードを区別し手順を定義するためにGAPによって用いられる。したがって、042ページの「モードと手順」では、これらのパケットが中心的な役割を演じることになる。

コネクション

コネクションを確立するには、マスターがまずスキャンを開始して、その時点でコネクション要求を受け付けているアドバタイザを探す。アドバタイズパケットはBluetoothアドレスやアドバタイズデータそのものによってフィルターすることができる。適切なアドバタイズをしているスレーブが検出されたら、マスターはそのスレーブへコネクション要求を送信し、スレーブが応答すれば、コネクションを確立する。コネクション要求パケットには周波数ホップの増分が含まれ、これによってコネクションの寿命の間マスターとスレーブの両方がしたがうホッピングシーケンスが決定される。

コネクションとは単純に、事前に定義された時点で行われるスレーブとマスターでの間のデータをやり取りするシーケンスのことだ。図2-5に示すように、1回のやり取りは**コネクションイベント**と呼ばれる。

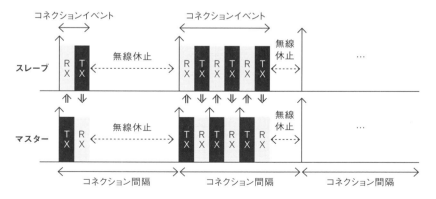

図2-5 コネクションイベント

以下の3つの**コネクションパラメータ**も、コネクション確立の際にマスターから通知される重要な変数だ。

- **コネクション間隔（Connection interval）**
  2つの連続するコネクションイベントの開始時間の間隔。この値は7.5ミリ秒（高スループット）から4秒（スループットは最も低いが消費電力は最小）の範囲となる。

- **スレーブレイテンシ（Slave latency）**
  コネクションが解除されるリスクなしに、スレーブがスキップできるコネクションイベントの数。

- **コネクション監視タイムアウト（Connection supervision timeout）**
  2つの有効な受信データパケットの時間間隔がこの値を超えるとコネクションが失われたとみなされる。

　特定の空間には多くのBLEデバイスが存在する可能性があるため、またセキュリティ的な理由（たとえばマスターやスレーブは少数の事前に知られたデバイスとだけ通信したいかもしれない）のためにも、リンク層には**ホワイトリスト**機能が実装されており、これにアドバタイザやスキャナに関心のあるデバイスアドレスを設定しておくことができる。ホワイトリストにないBluetoothアドレスのデバイスから受信したアドバタイズ（スキャナの場合）またはコネクション要求（アドバタイザの場合）パケットは、単純に破棄される。

ホワイトリスト

　ホワイトリストはBLEコントローラーで利用できる重要な機能であり、アドバタイズの際、スキャンの際、そしてコネクションを確立する際に、両方の側でホストがデバイスをフィルターするために使える。ホワイトリストは単なるBluetoothデバイスアドレスの集まりであり、ホストによって書き込まれ、コントローラーで保存されて利用される。

　デバイスのスキャンやコネクションの開始を行うデバイスは、検出されるデバイスやコネクションできるデバイスの数を制限でき、またアドバタイズデバイスはコネクション要求を受け付けるピアをホワイトリストを使って指定できる。ホワイトリストを使うかどうか規定する設定は**フィルターポリシー**と呼ばれる。これは基本的に、ホワイトリストによるフィルタリングをオン・オフするスイッチだ。

データパケットはプロトコルを運ぶ乗り物であり、またマスターとスレーブとの間でユーザーデータを双方向に伝送するために用いられる。データパケットには利用可能なデータペイロードが27バイトあるが、実際にはスタック上位のプロトコルによって1パケットあたりのユーザーデータ量は20バイトに制限されるのが普通だ。もちろん、これは利用されるプロトコルによっても異なる。

リンク層は信頼できるデータベアラとして動作することに注意してほしい。受信されたすべてのパケットは24ビットCRCに対してチェックされ、エラーチェックによって送信失敗が検出された場合には再送信が要求される。再送信回数に上限はないので、最終的にパケットが受信者によってアクノリッジされるまで、リンク層はパケットを再送信し続ける。

アドバタイズ、スキャン、コネクションの確立（および切断）、そしてデータの送受信の他にも、リンク層はいくつかの制御手順を担当している。中でも、以下の2つのプロセスは重要だ。

- **コネクションパラメータの変更**
  コネクションはマスターの指定する所与のコネクションパラメータのセットを用いて確立されるが、コネクションの寿命中に条件や要件が変化する場合もあるだろう。たとえば、スレーブが短いバーストデータに突然高いスループットを必要としたり、あるいは逆に、近い将来はもっと長いコネクション間隔でもコネクションを十分維持できることが検出されたりするかもしれない。リンク層では、マスターとスレーブが新たなコネクションパラメータを要求すること、そしてマスターの場合には、いつでもパラメータを一方的に設定することが許されている。このように、コネクションごとにパラメータを微調整することによって、スループットと消費電力をもっともよくバランスさせることができる。

- **暗号化**
  セキュリティはBLEの重要な機能であり、リンク層では暗号化されたリンク上でデータをセキュアにやり取りする手段を提供している。暗号鍵はホストによって生成・管理されるが、リンク層では上位層に対してトランスペアレントな形で実際のデータの暗号化と復号化を実行する。

これら2つの手順は、どちらも実行には両側のホストの協力が必要とされるので、特に重要だ。リンク層では内部的にバージョン情報やケーパビリティをやり取りする追加的な手順がサポートされていて、これらはホストやアプリケーション開発者に対してトランスペアレントな形で実行される。

ホスト・コントローラー・インタフェース（HCI）

　1章で説明したように、Bluetooth規格では数種類のチップ構成が可能であり、ホスト・コントローラー・インタフェース（HCI）はシリアルインタフェース上でホストとコントローラー間の通信を行うための標準プロトコルだ。この章ですでに述べたように、コントローラーは物理層と接触し厳密なリアルタイム要件を持つ唯一のモジュールなので、このレベルで線を引くことには意味がある。つまり、より複雑だが時間的要求が厳しくない、高度なCPU向きのプロトコルスタックを実装するホストから、コントローラーを分離することが実用的な場合が多いのだ。

　この構成の典型的な例としては、大部分のスマートフォンやタブレット、そしてパーソナルコンピュータが挙げられる。これらのホスト（およびアプリケーション）はメインCPUで動作するが、コントローラーは別個のハードウェアチップに搭載され、UARTやUSBで接続される。これは、TCP/IPスタックはメインプロセッサ上で動作するが低位層は別個のICで実行される、WiFiやEthernetなど他の技術で採用されるモデルと同様のものだ。

　Bluetooth規格では、ホストとコントローラーとが相互に対話するためのコマンドとイベントのセットと、データパケットのフォーマット、そしてフロー制御やその他の手順のためのルールのセットとしてHCIが定義されている。さらに規格には、HCIプロトコルを特定の物理トランスポート（UART、USB、SDIOなど）向けに拡張するため、いくつかの**トランスポート**が定義されている。

　半導体技術のコストが低下した現在では、1個のチップに完全なコントローラーとホスト、そしてアプリケーションをパッケージできるようになった（**システム・オン・チップ**、SoC）。組み込みデバイス用途では、完成品デバイスのコストとサイズを低下させるため、高度な集積化が望まれることが多い。BLEの場合、低消費電力のCPU上でこれら3つをすべて同時に動作させるチップを使ってセンサーを実装することが普通になってきている。

論理リンク制御および
アダプテーションプロトコル（L2CAP）

　まるで暗号のような名前の論理リンク制御およびアダプテーションプロトコル（L2CAP）では、2つの主要な機能が提供される。まず、これは上位層から複数のプロトコルを受け取ってBLE標準パケットフォーマットへ変換（およびその逆変換）する、プロトコル多重化装置として働く。

　また、フラグメント化と再結合も行われる。これは送信側では、上位層からの大きなパケットをBLEパケットの最大ペイロードサイズである27バイトに収まる塊に分割するプロセスだ。受信側では、フラグメント化された複数のパケットを1個の大きなパケットへ再結合し、それ

を上流側のホストの上位層の適切なエンティティへ送信することになる。単純な比較では、L2CAPはTCPに似ている。TCPは、それぞれ異なるパケットサイズや要件を持つ物理リンクに、さまざまなプロトコルをシームレスに共存させる働きをしているからだ。

　Bluetooth Low Energyで、L2CAP層はアトリビュート・プロトコル（ATT）とセキュリティ・マネージャ・プロトコル（SMP）という、2つの主要なプロトコルのルーティングを担当している。ATT（「アトリビュート・プロトコル（ATT）」で説明する）はBLEアプリケーションにおけるデータのやり取りの基礎をなすもので、SMP（032ページの「セキュリティ・マネージャ（SM）」を参照）はセキュリティ鍵を生成し、ピア間で配付するためのフレームワークを提供する。

　これらの他にも、規格のバージョン4.1からは、ATTによって付加される複雑性を必要としない高スループットのデータ転送用に、L2CAPが独自のユーザー定義のチャネルを作成できるようになった。当初ファイル転送用に設計されたこの機能はLE Credit Based Flow Control Modeと呼ばれ、BLEコネクション上で低レイテンシの大容量データチャネルを必要とするアプリケーションが、そのようなデータチャネルを確立するために使うことができる。

　アプリケーション開発者の視点からは、L2CAPパケットヘッダが4バイトを占有することに注意しておいてほしい。これは、デフォルトパケットサイズを利用する場合、実効的なユーザーペイロード長が27-4＝23バイトとなってしまうことを意味する（025ページの「コネクション」で説明したように、27バイトはリンク層のペイロードサイズ）。

アトリビュート・プロトコル（ATT）

　アトリビュート・プロトコル（ATT）は、デバイスの提示する**アトリビュート**に基づいた、単純なクライアント／サーバー方式のステートレスなプロトコルだ。BLEでは、マスターであろうとスレーブであろうと、すべてのデバイスはクライアントにもサーバーにも、また両方になることもできる。クライアントはサーバーへデータを要求し、サーバーはクライアントへデータを送る。このプロトコルは、シーケンスに関しては非常に厳密で、要求がまだペンディングの（まだその応答が受信されていない）場合には、その応答が受信され処理されるまで、それ以上要求を送信することはできない。これは、2つのピアがクライアントとサーバーの両方の動作をしている場合には、両方向に独立して適用される。

　サーバーの持つデータはアトリビュートの形で構造化されており、それぞれのデータには16ビットのアトリビュートハンドル、ユニバーサル固有識別子（UUID）、一連のパーミッション、そしてもちろん値が割り当てられている。**アトリビュートハンドル**は、アトリビュート値へアクセスするために用いられる単なる識別子だ。UUIDは、値に含まれるデータの型と性質を規定する。より詳しい情報については、058ページの「UUID」と059ページの「アトリビュート」を参照してほしい。

クライアントがアトリビュート値をサーバーから読み出したい、あるいはサーバーへ書き込みたい場合には、ハンドルとともに読み出しまたは書き込み要求をサーバーへ発行する。サーバーはアトリビュート値またはアクノリッジで応答する。読み出し操作の場合、アトリビュートのUUIDに基づいて値をパースしデータ型を理解するのはクライアントの責任だ。一方、書き込み操作の場合には、クライアントがアトリビュートの型と一貫したデータを提供することが期待され、サーバーは型が一致しない場合には書き込み操作を拒否できる。

ATT 操作

ATTで可能な操作は、以下のカテゴリに分類される。

- **エラー処理(Error Handling)**
  任意の要求に対してエラーが発生した際の応答として、サーバーによって用いられる。以下の操作のみが含まれる。
  - エラー応答(Error Response)
    エラーのため要求がサーバー上で実行できなかった場合、本来返されるべき応答の代わりに、その要求への応答として送信される。

- **サーバー構成(Server Configuration)**
  ATTプロトコルそのものを設定するために用いられる。以下のみが含まれる。
  - MTU交換要求/応答(Exchange MTU Request/Response)
    クライアントとサーバーとの間で、それぞれの最大転送単位(MTU、受容可能な最大パケットサイズ)を交換する。

- **情報検索(Find Information)**
  サーバーのアトリビュートの配置に関する情報を取得するため、クライアントによって用いられる。これには以下のものが含まれる。
  - 情報検索要求/応答(Find Information Request/Response)
    特定のハンドル範囲に存在するすべてのアトリビュートのリストを取得する。
  - タイプと値による検索(Find by Type Value)
    UUIDと値によって特定されるアトリビュートから、次のグループデリミタまでの間の範囲のハンドルを取得する。

- **読み出し操作(Read Operations)**
  1個以上のアトリビュートの値を取得するために、クライアントによって用いられる。これには以下のものが含まれる。
  - タイプによる読み出し要求/応答(Read by Type Request/Response)
    UUIDを用いて1個以上のアトリビュートの値を取得する。

- 読み出し要求／応答（Read Request/Response）
  ハンドルを用いてアトリビュートの値を取得する。
- Blob 読み出し要求／応答（Read Blob Request/Response）
  ハンドルを用いて長いアトリビュートの値を取得する。
- 複数読み出し要求／応答（Read Multiple Request/Response）
  複数のハンドルを用いて1個以上のアトリビュートの値を取得する。
- グループタイプによる読み出し要求／応答（Read by Group Type Request/Response）
  タイプによる読み出し要求／応答と同様だが、UUID はグループタイプでなくてはならない。

⦿ 書き込み操作（Write Operations）

1個以上のアトリビュートの値を設定するために、クライアントによって用いられる。これには以下のものが含まれる。

- 書き込み要求／応答（Write Request/Response）
  1個のアトリビュートの値を書き込み、サーバーからの応答を待ち受ける。
- 書き込みコマンド（Write Command）
  応答やアクノリッジなしに、1個のアトリビュートの値を書き込む。この操作は要求／応答シーケンスにしたがわないので、いつでも送信できる。
- 署名付き書き込みコマンド（Signed Write Command）
  書き込みコマンドと同様だが、032ページの「セキュリティ・マネージャ（SM）」で説明する署名を利用する。この操作は要求／応答シーケンスにしたがわないので、いつでも送信できる。

⦿ キューイング書き込み（Queued Writes）

1個のパケットに収まらない長さのアトリビュート値を書き込むために、クライアントによって用いられる。これには以下のものが含まれる。

- 書き込み準備要求／応答（Prepare Write Request/Response）
  特定のハンドルに対する書き込み操作をサーバーにキューイングする。その後キューイングの成功がサーバーによってアクノリッジされる。
- 書き込み実行要求／応答（Execute Write Request/Response）
  実行待ちになっているキューイングされた書き込み操作をすべて実行する。その後サーバーは、成功か失敗かをクライアントへ報告する。

⦿ サーバー主導操作（Server Initiated）

クライアントへアトリビュート値を非同期的に**プッシュ**するために用いられる。これには以下のものが含まれる。

- ハンドル値通告／確認（Handle Value Indication/Confirmation）
  ハンドルによって特定されるアトリビュートの値の、サーバーによる非同期的な更新。

クライアントからの確認（confirmation）という形でのアクノリッジを待ち受ける。
- ハンドル値通知（Handle Value Notification）
ハンドルによって特定されるアトリビュートの値のサーバーによる非同期的な更新。アクノリッジなし。この操作は要求／応答シーケンスにしたがわないので、いつでも送信できる。

サーバー主導操作（**Server Initiated**）カテゴリの操作（およびそれ以外の一部）を除いて、すべての操作は要求／応答ペアにグループ分けされる。要求は常にクライアントによって送信され、応答はサーバーによって、要求への返答として送信される。

4章では、ATTそれ自身と、汎用アトリビュート・プロファイル（GATT）との関係について、より詳しく説明する。

セキュリティ・マネージャ（SM）

セキュリティ・マネージャ（SM）は、セキュリティ暗号鍵を生成し交換する能力をBluetoothプロトコルスタックに提供するために設計された一連のセキュリティアルゴリズムとプロトコルの両方を意味する。これによってピア同士が暗号化されたリンク上でセキュアに通信したり、リモートデバイスの識別情報を信頼したり、そして必要に応じてパブリックBluetoothアドレスを隠ぺいし悪意のあるピアによる特定のデバイスの追跡を防ぐことができる。

セキュリティ・マネージャには、2つの役割が定義されている。

- イニシエータ
常にリンク層マスターと対応し、したがってGAPセントラルである。

- レスポンダ
常にリンク層スレーブと対応し、したがってGAPペリフェラルである。

手順を開始させるのは常にイニシエータの役割だが、レスポンダは「セキュリティ手順」に列挙された任意の手順の開始を非同期的に要求することができる。その要求をイニシエータが受け入れることはレスポンダに保証されないので、実際には拘束力のある要求ではなく、ヒントのようなものだ。この**セキュリティ要求**は、当然のことながらコネクションのスレーブまたはペリフェラル側からのみ発行できる。

セキュリティ手順

セキュリティ・マネージャでは、以下の3つの手順へのサポートが提供されている。

- **ペアリング（Pairing）**
セキュアな暗号化されたリンクへスイッチできるように、**一時的な**共通セキュリティ暗号鍵が生成される手順。この一時鍵は保存されないため、その後のコネクションで再利用することはできない。

- **ボンディング（Bonding）**
ペアリングの後に、永続的なセキュリティ暗号鍵の生成と交換が行われるシーケンス。この永続鍵は不揮発性メモリへ保存され、2つのデバイス間に永続的なボンドが作り出されることになるため、その後のコネクションでは再びボンディング手順を行うことなくセキュアなリンクが迅速に設定できる。

- **暗号化再確立（Encryption Re-establishment）**
ボンディング手順が完了した後、暗号鍵はコネクションの両側で保存しておくことができる。暗号鍵が保存されている場合、この手順によって定義される方法でその後のコネクションにおいて再びペアリング（またはボンディング）手順を行う必要なく、これらの暗号鍵を用いてセキュアな暗号化されたコネクションを再確立できる。

　つまり、ペアリングではそのコネクションの寿命の間だけ有効なセキュアなリンクを作成できるが、ボンディングでは共有されたセキュリティ暗号鍵の形で永続的な関連付け（**ボンド**とも呼ばれる）が作り出され、どちらかの側で削除されない限り、その後のコネクションでも利用されることになる。一部のAPIやその文書では、単純に**ボンディング**と呼ぶ代わりに**ボンディングを伴うペアリング（Pairing with bonding）**という用語が使われていることがある。ボンディング手順には、必ず最初にペアリングのフェーズが含まれるからだ。
　図2-6に、ペアリング手順の2つのフェーズと、ボンディング手順に要求される追加フェーズを示す。
　まず（フェーズ1）、一時鍵の生成に必要なすべての情報が2つのデバイス間でやり取りされる。次に（フェーズ2）、実際の一時暗号鍵（短期鍵またはSTK）が両側で独立に生成され、その後コネクションの暗号化に用いられる。コネクションが暗号化によってセキュアになった後、そしてボンディングが行われた場合にのみ、永続鍵が配付されて保存され、後で再利用できるようになる。

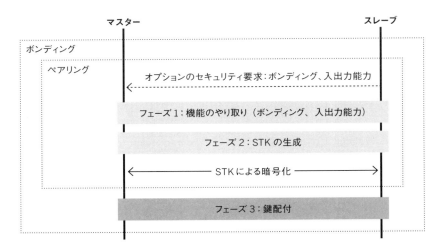

表2-6 ペアリングとボンディングのシーケンス

ペアリングのアルゴリズム

ペアリング手順には、セキュリティ・マネージャ・プロトコル(SMP)パケットをやり取りして短期鍵(STK)と呼ばれる一時的な暗号鍵を両側で生成することが必要となる。**ペアリング手順の最後のステップ(セキュリティ暗号鍵のやり取りを続けてボンディング手順に進むかどうかにかかわらず)は、生成されたSTKを使ってリンクを暗号化すること**だ。パケットのやり取りによって、両側のピアは以下のSTK生成手法のネゴシエーションを行う。

- **Just Works**
  STKは、平文でやり取りされるパケットに基づいて両側で生成される。**中間者(MITM)攻撃**に対するセキュリティは提供されない。

- **パスキー表示(Passkey Display)**
  ランダムに生成された数字6個のパスキーが一方のピアに表示され、反対側ではそれを入力するよう要求される(ディスプレイが利用できない場合など、場合によっては両方の側で同じキーを入力することになる)。MITM攻撃に対する保護が提供されるので、可能な場合には常にこの方式が利用される。

- **アウトオブバンド(OOB)**
  この手法を使用する際には、NFCのような別の無線技術など、BLE無線とは別の手段で追加的なデータが転送される。この手法でもMITM攻撃に対する保護が提供される。

SMでは以下の3種類のセキュリティメカニズムが規定され、コネクション中またはアドバタイズ手順中にさまざまなレベルのセキュリティを適用するために用いられる。

- 暗号化（Encryption）
  このメカニズムでは、確立されたコネクション上で送信されるすべてのパケットの完全な暗号化が行われる。

- プライバシー（Privacy）
  プライバシー機能は、ランダムに生成された一時的なアドレスを使用することによって、アドバタイザが自分のBluetoothアドレスを隠ぺいすることを可能にする。アドバタイズデバイスとボンディングされたスキャナは、このランダムアドレスを認識できる。

- 署名（Signing）
  このメカニズムを使うと、確立されたコネクション上でデジタル署名された（つまり、そのパケットの送信元が検証可能な）暗号化されていないパケットをデバイスが送信できる。

これら3つのメカニズムは、いずれも互いに独立して利用でき、またアプリケーションはホストと連携してこれらを同時に任意の組み合わせで適用できる。

セキュリティ暗号鍵

3種類のセキュリティメカニズムは、いずれも鍵または鍵グループの確立を必要とする。セキュリティメカニズムを適用するために、交換と保存が必要な鍵は以下のとおり。

- 暗号化情報（長期鍵またはLTK）とマスター識別情報（EDIV、Rand）
  これは、両側で共有される128ビットの暗号鍵と、識別子として働く2つの値（EDIV、Rand）だ。後者は、デバイスが複数の他のピアとボンディングされる可能性があるため、必要となる。

- 識別情報（識別解決鍵またはIRK）と識別アドレス情報（アドレス種別とBluetoothデバイスアドレス）
  IRKはプライバシーの実装に用いられる。これを使って、悪意のあるピアによる追跡からアドバタイズデバイスを保護する、解決可能アドレス（049ページの「アドレス種別」を参照）を生成したり、解決したりすることができる。IRKを配付するデバイスの実際のパブリックアドレスまたは静的なランダムアドレスが、IRKとともに含まれる。

- 署名情報（コネクション署名解決鍵またはCSRK）
  暗号化されないデータにデジタル署名するために用いられる鍵。

これらの鍵や鍵のセットはすべて、**非対称的**で**一方向的**であり、生成された状況と同一の役割構成でのみ利用できる。その後のコネクションでデバイスがリンク層の役割（マスターとスレーブ）をスイッチしたい場合には、すべての鍵の種類について、双方のデバイスが自分の鍵のセットを配布しなくてはならない。デバイスは両方向で配付される鍵の数をネゴシエーションする。この数は、片方向につきゼロから3までの可能性があるため、ピア間で合計6個の鍵が配付される可能性がある（スレーブからマスターへ3個、マスターからスレーブへ3個）。

ボンディング手順の間に鍵が全くやり取りされなかった場合でも2つのデバイス間のボンドは有効だが、それらの間では何のセキュリティ手順も利用できないことになる。

すべての鍵は非対称的（したがって鍵配付のプロセスは対称的）であるため2つのデバイス間で保存されるボンド情報には、鍵のインスタンスが2つまで含まれる可能性がある（各ピアが自分の鍵を配付したとして）。このため、各デバイスの配付した鍵がその後のコネクションでどのように利用されるか注意しておくことが重要だ。表2-2に、ボンディング手順中の配付者（distributor）と受領者（acceptor）に基づいた鍵の利用方法の詳細を示す。

鍵	配付者の利用方法	受領者の利用方法
LTK、EDIV、Rand（暗号化）	スレーブの際にリンクの暗号化に利用	マスターの際にリンクの暗号化に利用
IRK、BD_ADDR（プライバシー）	解決可能なプライベートアドレスの生成に利用	解決可能なプライベートアドレスの解決に利用
CSRK（署名）	データの署名に利用	署名の検証に利用

表2-2 セキュリティ・マネージャの鍵の利用方法

鍵配付を伴うボンディングの例として、マスターとしてふるまうタブレットとスレーブとしてふるまう腕時計が、ボンディング手順を行って両方向で暗号鍵をやり取りすることを想定してみよう。腕時計は自分の暗号化鍵を暗号化情報とマスター識別情報の形で配付し（これらをLTK_EDIV_Rand_watchと呼ぶことにする）、タブレットは同じことを反対方向に行う（LTK_EDIV_Rand_tablet）。

ボンディングが完了した後、リンクが切断されたとしてみよう。その後2つのデバイスが再びコネクションを確立し、これらの鍵を再利用してボンディング手順を再実行せずにセキュアで暗号化されたコネクションを再確立したと仮定する。これらのデバイスが前回と同一の構成で（タブレットをマスターとして）再コネクションする場合、両者はリンクの暗号化にLTK_EDIV_Rand_watchを利用することになる。その後、2つのデバイスが役割を交換して（つまり、今回は腕時計がマスターでタブレットがスレーブとして）再コネクションする場

合には、リンクの暗号化に LTK_EDIV_Rand_tablet が使われることになる。

3章では、これらの概念についてさらに詳しく説明する。

汎用アトリビュート・プロファイル（GATT）

　汎用アトリビュート・プロファイル（GATT）は、アトリビュート・プロトコル（ATT）上に階層構造とデータ抽象化モデルを付け加えて構築されたものだ。ある意味、GATT はデータを構造化する方法とアプリケーション間でやり取りする方法とを定義しているため、BLE のデータ転送のバックボーンとみなすことができる。

　GATT では、さまざまなアプリケーションプロファイル（**GATT ベースのプロファイル**と呼ばれる）によって利用され、また再利用される汎用的なデータオブジェクトが定義される。クライアント／サーバー方式のアーキテクチャは ATT と同じだが、GATT ではデータが**サービス**（**services**）にカプセル化され、サービスは1個以上の**特性**（**characteristics**）から構成されている。特性のそれぞれは、ユーザーデータと**メタデータ**（プロパティ、利用者に可視の名前、単位など、値に関する記述的な情報）の和集合と考えることができる。

　4章では、GATT についてさらに詳しく説明する。GAP と同様、GATT は Bluetooth Low Energy プロトコルスタックへの主要なインタフェースとして働く上位層エンティティだ。

汎用アクセス・プロファイル（GAP）

　汎用アクセス・プロファイル（GAP）は、実際のプロトコルスタックとは別に、デバイスが低レベルで相互に対話する方法を規定する。GAP は、デバイス検索、コネクション、セキュリティの確立など、異なるメーカーのデバイス間での相互運用性を保証しデータのやり取りを行えるようにするための制御手順をデバイスが行う方法を規定しているため、BLE の最上位の制御層を定義するものとみなすことができる。

　GAP では、デバイスの低レベルでの操作を規定し標準化するために、役割と概念のさまざまなセットが規定されている。

- 役割とそれらの間の対話
- 操作モードとそれらへの遷移
- 一貫した相互運用可能な通信を実現するための操作手順
- セキュリティのモードと手順などの、セキュリティの側面
- 非プロトコルデータのための、追加的データフォーマット

3章では、GAP についてさらに詳しく説明する。

3 GAP（アドバタイズとコネクション）
GAP (Advertising and Connections)

　汎用アクセス・プロファイル（GAP）は、Bluetooth Low Energyデバイスが相互運用するための土台となるものだ。デバイスが互いに検索したり、データをブロードキャストしたり、セキュアなコネクションを確立したり、またその他の数多くの基本的な操作を誰もが理解できる標準的な方法で行えるように、あらゆるBLE実装がしたがわなくてはならない枠組みが提供される。多くのBLEプロトコルスタックでは、アプリケーション開発者へ機能APIを提供する際、最も低レベルのエントリーポイントの1つとしてGAPが利用されているため、GAPを十分に理解しておくことは重要だ。

　すでに述べたように、Bluetooth Low Energyに適用されるコア規格のGAPに関するセクションでは、デバイスのインタラクションに関するさまざまな側面が以下のように定義されている。

- **役割（Roles）**
各デバイスは、同時に1つ以上の役割を演じることができる。それぞれの役割には、ふるまいに関する一定の要件が適用され、制約が課される。デバイスが互いに通信できる役割の組み合わせは決まっていて、これらの役割の間のインタラクションはGAPによって明確に規定されている。常にとは限らないが、役割は特定のデバイス種別と関連している場合が多く、また（すべてではないが）多くの実装ではそのユースケースとも密接に結びついていて、まったく変化しない。

- **モード（Modes）**
モードは役割をさらに精密化したもので、特定の目標を達成するため、もっと具体的にはピアに特定の手順を実行してもらうために、デバイスが一定の時間だけスイッチできる状態だ。モードのスイッチは、ユーザーインタフェースのアクションによって引き起こされるか、要求に応じて自動的に行われ、デバイスは役割よりもモードのほうを頻繁に切り替える傾向がある。

- **手順（Procedures）**
手順とは、デバイスが一定の目的を達成できるような一連のアクション（通常はリンク層の制御シーケンスまたはパケットのやり取り）だ。手順は相手側のピアのモードと関連しているのが通常であり、モードと手順は密接に結び付いている場合が多い。

- **セキュリティ（Security）**
GAP はセキュリティ・マネージャとセキュリティ・マネージャ・プロトコルの上に構築されており、特定のデータのやり取りに要求されるセキュリティのレベルをピアが設定する方法と、その後そのセキュリティレベルがどのように適用されるかを規定する、セキュリティのモードと手順が定義される。GAP はさらに、特定のモードや手順に関連付けられていない追加的なセキュリティ機能も定義しており、これらは自由に実装に利用して、各アプリケーションに要求されるデータ保護のレベルを向上させることができる。

- **追加的な GAP データフォーマット**
上記のすべてに加えて、GAP はある種の（GAP 仕様に定義されるモードや手順に関連した）追加的データフォーマット定義のプレースホルダとしても用いられる。

この章の対応するセクションの中で、これらの項目を詳しく見ていく。

役割

GAP は、デバイスが BLE ネットワークに参加する際に演じることのできる4つの役割を規定している。

- **ブロードキャスター（Broadcaster）**
データを定期的に配付する送信のみの用途に特化した**ブロードキャスター**役割は、データを含むアドバタイズパケットを周期的に送出する。理論的にはブロードキャスター役割は無線送信機のみで実現できるが、実際にはこの役割は送受信の両方が可能なデバイスに割り当てられるのが普通だ。関心のある任意のデバイスへ温度の測定値をブロードキャストするパブリックな温度計は、ブロードキャスターの好例だ。ブロードキャスターはコネクションデータパケットではなくアドバタイズパケットでデータを送信するため、そのデータは待ち受け状態にあるあらゆるデバイスで利用できる。ブロードキャスター役割は、リンク層のアドバタイザ役割を利用する。

- **オブザーバー（Observer）**
ブロードキャストしているデバイスからデータを収集したい、受信のみの用途に特化した**オブザーバー**役割は、ブロードキャストしているピアからのアドバタイズパケットに埋め込まれたデータを待ち受ける。たとえば、ブロードキャストのみの温度センサーからの温度データを表示するタブレットコンピュータなど、ディスプレイのあるデバイスはこの役割の典型的な適用例だ。オブザーバー役割は、リンク層のスキャナ役割を利用する。

- **セントラル（Central）**

  セントラル役割は、リンク層のマスターに対応する。**セントラル**役割はピアへの複数コネクションを確立する能力のあるデバイスで、常にコネクションのイニシエータとなり、デバイスをネットワークへ参加させることが基本的な機能だ。BLEプロトコルは**非対称**であり、リンク層マスターの計算量要件はリンク層スレーブよりも高い。ネットワークにおけるセントラル役割は、スマートフォンやタブレットによって演じられるのが普通だ。スマートフォンやタブレットは強力なCPUやメモリ資源を利用でき、複数デバイスへのコネクションを管理できるからだ。セントラルはまず、他のデバイスのアドバタイズパケットを待ち受け、次に選択したデバイスとのコネクションを開始する。このプロセスを繰り返すことによって、1つのネットワークに複数のデバイスを参加させることができる。

- **ペリフェラル（Peripheral）**

  ペリフェラル役割は、リンク層のスレーブに対応する。この役割はアドバタイズパケットを利用してセントラルに見つけてもらい、次にセントラルとのコネクションを確立する。BLEプロトコルはペリフェラルの実装にあまりリソースを（少なくとも処理能力とメモリに関しては）必要としないよう最適化されている。これによって、安価なBLEペリフェラルの大きな市場が生まれることになった。

　特定のデバイスは同時に1つ以上の役割を演じることができるが、規格ではこれに関して何の制限も設けていない。

　BLEのGATTにおける**クライアント**と**サーバー**役割を、誤ってGAP役割と関連付けようとする開発者は後を絶たない。これらの間には何の関係もなく、したがってあらゆるデバイスは、アプリケーションと状況に応じて、GATTクライアントにもサーバーにも、あるいは両方になることもできるのだ。

　たとえば、スマートフォンとペアリングされたフィットネス・トラッカーを考えてみてほしい。このフィットネス・トラッカーのGAP役割は**ペリフェラル**であり、またスマートフォンからセンサーのデータを要求された場合にはGATTサーバーとして動作する。また時には、データにタイムスタンプを付加する内部クロックを更新するためスマートフォンから正確な時刻データを要求する場合など、GATTクライアントとして動作することもあるだろう。GATTのクライアント／サーバーの役割は、データの要求と応答というトランザクションのフローの向きだけによって決まる。それに対して、フィットネス・トラッカーが**ペリフェラル**、スマートフォンが**セントラル**というGAP役割は、不変のまま保たれる。

モードと手順

表3-1に、GAPモードとそれに対応する手順を示す(対応する固有の手順を持たないモードには、「N/A」と表示してある)。

モード	対応するピアの役割	対応する手順
ブロードキャスト	ブロードキャスター	オブザベーション
検索不可	ペリフェラル	N/A
制限検索可能	ペリフェラル	制限および一般検索
一般検索可能	ペリフェラル	一般検索
コネクション不可	ペリフェラル、ブロードキャスター、オブザーバー	N/A
任意のコネクション可能	ペリフェラル	任意のコネクション確立

表3-1 モードとそれに対応する手順

逆に、列挙したGAP手順のそれぞれを行うために必要なピアのモードを表3-2に示す。

手順	対応する役割	対応するピアのモード
オブザベーション	オブザーバー	ブロードキャスト
制限検索	セントラル	制限検索可能
一般検索	セントラル	制限および一般検索可能
名前検索	ペリフェラル、セントラル	N/A
任意のコネクション確立	セントラル	任意のコネクション可能
コネクションパラメータ更新	ペリフェラル、セントラル	N/A
コネクション終了	ペリフェラル、セントラル	N/A

表3-2 手順とそれに要求されるモード

1章と2章でBLEの無線によるデータのやり取りの基本的な概念を紹介したが、ここでもう一度復習しておこう。アドバタイズパケットは一定の間隔で一方的にやみくもに送信されるが、これがブロードキャスト(およびオブザベーション)と検索の両方の基礎となる。アドバタイズパケットをスキャンしているデバイスは、たまたまアドバタイズパケットが送信されている瞬間にスキャンしていればこれを受信して、それに含まれるデータを単純に受け取ったり、それに続いてコネクションを開始したりするかもしれない。これに対して**コネクション**では、2つのピアが定期的な間隔で同期的にデータのやり取りを行うことが要求され、データの送達とスループットが保証される。

ブロードキャストとオブザベーション

　GAPに定義される**ブロードキャストモード**と**オブザベーション**手順は、デバイスが**ブロードキャスター**として、1台以上の積極的に待ち受けているピアデバイス（**オブザーバー**）へ、一方的にデータを送信できる枠組みを定めるものだ。いずれかのオブザーバーへデータが実際に届いたかどうかをブロードキャスターが知る方法はない、ということは重要なので注意してほしい。このモードと手順の組み合わせはまさに名前通りで、ブロードキャスターは一切の確認やアクノリッジなしにデータをブロードキャストし、オブザーバーは何らかのデータを実際に受信できるという一切の保証なしに、存在するかもしれないブロードキャスターを（一時的または無期限に）待ち受けるのだ。

　ブロードキャスターによって送信されるアドバタイズパケットには、実際の有効なユーザーデータと、リンク層で挿入される数項目のメタデータ（Bluetoothデバイスアドレスなど）が含まれる。022ページの「アドバタイズとスキャン」で述べたように、アドバタイズパケットにはそれぞれ31バイトまでのデータ（実際に利用できるユーザーデータの長さはヘッダやフォーマットのオーバーヘッドのため少なくなるかもしれない）が含まれるが、オブザーバー側でアドバタイズパケットの受信に成功した直後にスキャン要求／スキャン応答トランザクションを利用すれば、この倍のアドバタイズイベントごとに62バイトまでのデータを得ることができる。スキャン応答パケットはオブザーバーから要求された際にのみ送信されるため、最も重要なデータはスキャン応答パケットではなく、アドバタイズパケット自体に入れるべきだ。ブロードキャスターは、ADV_NONCONN_INDかADV_SCAN_INDアドバタイズパケットを送信できる（表2-1を参照のこと）。

　ブロードキャスターのみのデバイスを用意して、外の世界へ単純にデータを**ブロードキャスト**すれば、到達範囲にいる任意のデバイス（1台かもしれないし100台かもしれない）に拾い上げてもらうことができる。この動作は**ペリフェラル**とは対照的だ。ペリフェラルはコネクションの確立後にはアドバタイズを停止するので、そのコネクションがクローズされるまでの間、あるいはデバイスがスレーブとして複数コネクションをサポートするというまれな場合には追加的なコネクションが作成されるまでの間、到達範囲に存在する他のセントラルデバイスから切り離されてしまうことになる。

　たとえばAppleのiBeacon（144ページの「iBeacon」を参照）では、ブロードキャストモードを利用して製造者固有データ（Manufacturer Specific Data）フィールドに特定のペイロードを含むアドバタイズデータを常時送信することによって、そのノードの到達範囲内に入った任意のデバイスが、他のデバイスとアクセスを競い合わなくても、iBeaconを検出できるようにしている。iBeaconノードは、何台のデバイスが待ち受けているか気にする必要はない。自分の存在を主張し、待ち受けている誰かのために制限されたペイロードを送信し続けるだけだ。

検索

デバイスの**検索可能性**（discoverability）とは、ペリフェラルが他のデバイスへ自分の存在をアドバタイズする方法と、他のデバイスがその情報を利用してできること（またはすべきこと）を意味する。検索可能性モードや検索手順は、アドバタイズやスキャンが実行中であるかどうかによって異なるが、アドバタイズパケットに含まれるデータの性質も関係する。具体的には、SIGによって定義された**Flags AD**と呼ばれるアドバタイズパケット中のオプションのフィールドが、デバイスの検索可能モードを規定する（表3-3を参照のこと）。

これらのモードはペリフェラルのみによって用いられ、セントラルデバイスに到達範囲内のペリフェラルを検索してもらうために使われる。一般的に**検索**（Discovery）とは、近くの別のデバイスの存在と基本的な情報を検出することを意味する。これはコネクションの作成やデータのやり取りの意図があることを必ずしも意味しないが、もちろんそのような場合も多い。特にユーザーに可視のディスプレイを持ったセントラルデバイスでは、近くのデバイスのリストをユーザーに提示して選んでもらうために検索が用いられることもある。

検索可能性モード

以下の検索可能性モードによって、設計の優先度（バッテリー寿命、高速なコネクション時間など）に応じて、ペリフェラル設計者にはある程度の柔軟性が与えられる。

- **検索不可モード**（Non-discoverable mode）
  検索不可とは、他のデバイスがそのペリフェラルの存在を知ったり、性質について問い合わせしたりできないことを意味する。通常このモードは、デバイスがセントラルのピアに発見されることをまったく望まず、コネクションの確立や検出（リスト）さえされたくない場合に用いられる。このモードにあるデバイスでもアドバタイズパケットを送信することはできるが、その場合にはアドバタイズするデータのFlags ADフィールド中の一般検索可能（General Discoverable）および制限検索可能（Limited Discoverable）ビットをクリアしなくてはならない。実際に送信されるアドバタイズパケットの種別はADV_NONCONN_INDまたはADV_SCAN_INDでなくてはならない（表2-1を参照のこと）。

- **制限検索可能モード**（Limited discoverable mode）
  このモードでは、制限された時間、低い優先度でデバイスが検索可能状態となる。このモードにあるデバイスは、Flags ADフィールドの制限検索可能（Limited Discoverable）ビットをセットして、アドバタイズパケットを送信する（表3-3を参照のこと）。制限検索手順を実行するセントラルデバイスは、このモードにあるデバイスのみを検出できる。このモードは次第に使われなくなってきており、現在では一般検索可能モードに、必要に応じてフィルターを追加して用いるのが一般的な傾向となっている。

- **一般検索可能モード**（General discoverable mode）
  このモードでは、要求される限り、あるいは必要とみなされる限り、デバイスを検索可能にする。このモードへスイッチするデバイスは、一般的にはコネクションを確立する意図を持って、セントラルのピアに検索されたいという意思を表明していることになる。デバイスがこのモードに入るには、アドバタイズパケットを送信する際にアドバタイズデータのFlags ADフィールド中の一般検索可能（General Discoverable）ビットをセットしなくてはならない（表3-3を参照のこと）。一般検索手順を実行するセントラルデバイスのみが、このモードにあるペリフェラルを見つけ出すことができる。

  工場から出荷されるペリフェラルデバイスは、セントラルデバイスとボンディングされるまで検索が可能なモードにあるが、最初のボンディング手順の後に検索不可モードへ移行して、その後ずっとそのセントラルデバイスとだけコネクションを確立し続けることが多い。この場合、工場出荷時のデフォルトへリセットすれば検索が可能なモードへ戻るのが普通だ。

検索手順

規格では、2種類の検索手順が提供されている。

- **制限検索手順**
  この手順を実行するセントラルは、アドバタイザにホワイトリストによるフィルタリング（026ページの「ホワイトリスト」を参照）なしでアクティブスキャンを開始し、受信したアドバタイズパケットを分析する。制限検索可能フラグがセットされている場合、そのピアデバイスがアプリケーションへ報告され、それに引き続くアクションが行われる。

- **一般検索手順**
  この手順を実行するセントラルは、アドバタイザにホワイトリストによるフィルタリング（026ページの「ホワイトリスト」を参照）なしでアクティブスキャンを開始し、受信したアドバタイズパケットを分析する。制限検索可能フラグか一般検索可能フラグがセットされている場合、そのピアデバイスがアプリケーションへ報告され、それに引き続くアクションが行われる。

現実的には、すべての検索可能なピアを探すデバイスは一般検索手順を採用すべきだ。制限検索手順を用いると、制限検索可能モードにあるデバイスしか見つけることができない。

コネクションの確立

セントラルがペリフェラルとコネクションを開始するには、ペリフェラルが**コネクション可能**(connectable)モードでなくてはならない。検索と同様に、複数のモードと手順によって組織化され標準化された形で接続する相手先デバイスの選択をコントロールすることができる。

コネクション確立モード

下記のコネクション確立モードの違いは、ペリフェラルの使用するアドバタイズパケットの種類の違い(これについては022ページの「アドバタイズとスキャン」に詳述した)を反映している。

- **コネクション不可モード(Non-connectable mode)**
 このモードにいるデバイスは、まったくアドバタイズパケットを送信しないか、あるいはADV_NONCONN_INDまたはADV_SCAN_INDアドバタイズパケットを送信する(表2-1を参照のこと)。どちらの場合でも、モードの名前からわかるようにデバイスはコネクション不可であるため、セントラルはコネクションを確立できない。

- **有向コネクション可能モード(Directed connectable mode)**
 このモードにいるデバイスは、ADV_DIRECT_INDアドバタイズパケットを送信する(表2-1を参照のこと)。有向アドバタイズを行う際、デバイスはユーザーデータペイロードを含まず、ターゲットのセントラルのBluetoothアドレスを含むアドバタイズパケットを、高い頻度で短い間送信する。これは「高速再コネクション」モードとして提供されている。典型的には、ターゲットのセントラルがすでにコネクションを開始しようとしている可能性が高いとペリフェラルが判断し、なるべく早くコネクションを確立したい場合に用いられる。ペリフェラルの送信するアドバタイズパケット中のBluetoothアドレスにマッチするセントラルだけが、パケットを受信する。

- **無向コネクション可能モード(Undirected connectable mode)**
 このモードにいるデバイスは、ADV_INDアドバタイズパケットを送信する(表2-1を参照のこと)。これは標準的なコネクション可能モードであり、ペリフェラルはより長い期間コネクション可能となり、また新たなセントラルとコネクションしたり、以前コネクションしたことのあるセントラルとコネクションしたりすることができる。

どちらのコネクション可能モードも、デバイスがセントラルへコネクションする意図を持ってアドバタイズパケットを送信することを暗黙に要求している。

コネクション確立手順

　セントラルデバイスは、コネクションを意図してスキャンする際に受信するアドバタイズパケットの種類（常にADV_INDまたはADV_DIRECT_INDとなる）を選択する手段を持たないので、コネクション確立手順の違いはアドバタイズパケットの種類とは関係ない。その代わり、用いられるコネクション確立手順の種類は、これらの受信パケットにセントラルが行うフィルタリングの種類によって決まる。

- **自動コネクション確立手順**（Auto connection establishment procedure）
  このシングルステップの手順では、ホストがホワイトリスト（026ページの「ホワイトリスト」を参照）に既知のペリフェラルデバイスのリストを書き込んでから、最初に検出されたものとコネクションするようコントローラーに指示する。一般的に、この手順は、セントラルがすでにいくつかのデバイスを知っており、その中で特に優先してコネクションを確立したいものがない場合に用いられる。

- **一般コネクション確立手順**（General connection establishment procedure）
  この2ステップの手順は、新たな未知のペリフェラルとコネクションするためによく用いられる。セントラルはまずホワイトリストなしでスキャンを開始し、すべての受信されたアドバタイズパケットを受け入れる。次に、検出されたペリフェラルのそれぞれについて、それとコネクションするか、それとも次を試すかをアプリケーションが決める必要がある。そのために、アプリケーションはユーザーにプロンプトを表示したり、受信されたアドバタイズパケットに含まれるアドバタイズデータをパースしたりしてもよい。ペリフェラルが選択されたら、セントラルは有向コネクション確立手順を用いてコネクションを行う。

- **選択コネクション確立手順**（Selective connection establishment procedure）
  この手順は一般コネクション確立手順とほとんど同じだが、ホストが既知デバイスのホワイトリストを使って受信するアドバタイズパケットをフィルターする点が異なる。これは、いくつかの既知のペリフェラルからコネクションするものをユーザーに選んでもらうような場合に使われる。

- **有向コネクション確立手順**（Direct connection establishment procedure）
  この標準的なシングルステップコネクション確立手順は、セントラルを1つの特定のペリフェラルとコネクションさせる。ホストはリンク層を使って、Bluetoothアドレスで特定される1つのデバイスへのコネクションを、その存在についての事前知識なしに開始する。この手順は、ターゲットとなるペリフェラルが存在しない場合、あるいはコネクション可能モードにいない場合に失敗する可能性がある。

セントラルホストがコネクションを開始するには2つの異なる方法があるということは、重要なのでもう一度説明しておこう。第1の手法は2ステップを要する。最初にスキャンして、それからスキャンフェーズ中に検出されたデバイスと(Bluetoothアドレスを指定することによって)直接コネクションする方法だ。2番目の手法はスキャンの段階を省略して、コネクションすべき1つ以上のデバイスを、それらが実際に近くに存在するかどうかの事前知識なしに、コントローラーを使って選択する。

追加的GAP手順

GAPでは、すでに確立されたコネクションにのみ関係する、その他の手順をいくつか定義している。よく使われるものは以下のとおり。

- **名前検索手順**（Name discovery procedure）
アドバタイズパケットではさまざまな種類のユーザーデータを運ぶことができるが、それには**デバイス名**（Device Name）、つまり人間に読める形のデバイスの記述を含むUTF-8文字列も含まれる(ネットワークのホスト名と同じようなものだ)。しかしアドバタイズパケットのスペースは限られているため、デバイスによってはデバイス名を含めない場合もあるだろう。そのような場合には、ペリフェラルまたはセントラルが確立されたコネクション上でGATTトランザクションを用いて名前検索手順を行うことによって、デバイス名を取得することができる。

- **コネクションパラメータ更新手順**（Connection parameter update procedure）
コネクションの確立には、セントラルから一方的に設定されるコネクションパラメータのセットがそのつど必要とされる。これらのパラメータは、コネクションのスループットと電力消費量とのバランスを取るうえで重要な要因であり(025ページの「コネクション」で説明したように)、またバランス要件の変化に応じてコネクションを確立したまま後で変更することができる。常にセントラルが物理的なコネクションパラメータの変更に責任を持ち、警告なしにいつでも変更できるが、ペリフェラルもコネクションパラメータの特定の望ましいセットへの変更をセントラルへ**要求**することができる。それに対して、セントラルは要求を拒否することもできるし、受け入れることもできる。しかし、コネクションパラメータを変更する場合であっても、それがペリフェラルの要求したものと同一であるとは限らず、合理的であって要求されたセットに最も近いとセントラルにみなされるものであるかもしれない。

- **コネクション終了手順**（Terminate connection procedure）
この手順は読んで字の如しで、またペリフェラルとセントラルの両方が任意の時点でコネクションを終了できるという意味で完全に対称的だ。切断イベントとともにピアアプリケーションが受け取る**理由**（reason）コードが提供される。

この章での一般的なGAPモードと手順の説明はこれで終わりだが、次の「セキュリティ」

ではセキュリティの話題だけに関連する特定のモードと手順を紹介する。

セキュリティ

　セキュリティは、Bluetooth Low Energyワイヤレス技術のコアに組み込まれている。Bluetooth 4.0コア仕様へのBLEの導入時から、ユーザーデータのセキュアな送信は主要な設計目標であったし、バージョン4.1ではそれまでの堅固な地盤を踏まえて、さらにこの原則を強化している。

　032ページの「セキュリティ・マネージャ（SM）」で概要を説明したように、BLEにおけるセキュリティとプライバシーの適用は以下の2本柱から成り立っている。

- セキュリティ・マネージャ（とそのプロトコル）
  セキュリティ・マネージャは実際の暗号アルゴリズムとプロトコル処理を実装し、2つのデバイスがセキュアにデータをやり取りし、プライベートに互いを検出できるようにしている。これはプロトコルスタック内部に実装されるのが通常であり、提供されるハードウェアアクセラレーションモジュールを利用して、乱数発生、AESを用いたデータの暗号化、そしてセキュリティ暗号鍵の生成とピアとのやり取りなど、要求される処理を行う。

- GAPのセキュリティの側面
  GAPでは、セキュリティ関連のモードと手順のセットが定義されており、実装ではこれを用いてコネクションを信頼し、機密性のあるデータを送ったりピアデバイスの識別情報を確実に受け取ったりできる。セキュリティ手順の大部分は非対称で、鍵の生成とやり取り、またそれらを用いたセキュアなコネクションの確立の際に、セントラルとペリフェラルが異なる役割を担う。さらに、GAPでは032ページの「セキュリティ・マネージャ（SM）」で定義したツールの用途を、標準的で相互運用性のある形でさらに拡張し、規定している。

　以下のセクションでは、時には複雑で難解でもあるが、ほとんどのBLEデバイスの運用の基礎となっているGAPのセキュリティの側面について、さらに詳しく説明する。

アドレス種別

　021ページの「Bluetoothデバイスアドレス」で説明したように、BLEプロトコルスタックの最も低いレベルではパブリックとランダムなデバイスアドレスとが区別される。GAPではランダムデバイスアドレスの概念を拡張し、下記の3つのカテゴリーに分類している。

- **スタティックアドレス（Static address）**
  スタティックアドレスは、メーカーがIEEE登録のオーバーヘッドを望まない、あるいは必要としない場合にパブリックアドレスの代用として用いられるのが典型的だ。スタティックアドレスは単純な乱数であり、デバイスがブートアップした際に毎回生成されてもよいし、あるいはデバイスの寿命の間、同一に保たれてもよい。しかし、デバイスの電源が入っている間は変化しない。

- **解決不能プライベートアドレス（Non-resolvable private address）**
  この種類のアドレスは、あまり使われていない。これもランダムに生成された数値で、一定の時間だけ一時的なアドレスとして使われる。

- **解決可能プライベートアドレス（Resolvable private address）**
  解決可能プライベートアドレスは、プライバシー機能の基礎となるものだ。これは識別情報解決鍵（IRK）と乱数から生成され、またそのデバイスが不明なスキャンデバイスによって特定され追跡されることを防ぐため、頻繁に変更することができる（コネクションの寿命の間であっても）。プライベートな解決可能アドレスを利用するデバイスによって配付されたIRKを持っているデバイスだけが、このアドレスを実際に解決し、配付元のデバイスを特定することができる。

またGAPでは、BD_ADDRの48ビットの値の最上位2ビットからカテゴリーを取得するエンコーディング手法が定義されており、一定の状況では便利に使うことができる。しかしBLEアドレスの性質を明確にするため、この48ビット以外にさらに1ビットが必要となる。そうでないと、BD_ADDRがパブリックアドレスかランダムデバイスアドレスか、判断できないからだ（パブリックデバイスアドレスは、最上位ビットの内容に関して何の保証もしていない）。

認証

BLE規格（特にGAP）における**認証（authentication）**とその派生語の使われ方は、かなり難解で混乱を招きやすいため、このセクションではこの単語が持ち得る2つの異なる意味を明確にしておきたい。

- **手順としての認証**
  GAPでは、認証手順は**その時点のコネクションにセキュリティを適用する**ことを意味する。これはペアリング（ボンディングのあるなしに関わらず）を意味することもあれば、033ページの「セキュリティ手順」で説明したように保存された暗号鍵を用いてセキュリティを再確立することを指すこともある。**認証する（to authenticate）**という動詞も、同様に（つまり、認証手順を実行するという意味で）用いられる。

- **適合基準としての認証済み**

  ペアリング手順または既存の鍵の適合基準としての**認証済み**(authenticated)は、**Just Works 以外のアルゴリズムを用いている**という意味になる(034ページの「ペアリングのアルゴリズム」を参照のこと)。つまり、ペアリング手順と鍵交換の際にMITM保護が提供され、一段高いレベルの信頼が得られることを暗黙に示している。パスキー表示とアウトオブバンド(OOB)は両方とも、認証済みの鍵を作成するアルゴリズムだ。反対に、認証済みでない(Just Worksを利用した)ペアリング手順では、未認証の鍵しか作成できない。暗号化やデータ署名について述べる際には、**認証済み**(authenticated)はこれらの手順を行うために用いられる鍵を指すことになる。

GAP APIとその文書では、両方の意味が広範囲に使われているので、以下の数セクションではこれらの違いを心に留めておくことが重要だ。

セキュリティモード

コネクションは、(どれか1つの)**セキュリティモード**で動作している。この文脈での**モード**は、いままでのセクションでの使われ方とは明確に異なったものだ。ここでのモードは、そのコネクションのその時点でのセキュリティのレベルを定義するものであり、どこかの時点でいずれかの端点のピアが適用したい要件と異なった場合には、セキュリティレベルを増加させる手順が行われる。

GAPでは2つのセキュリティモードと、各モードについて複数のセキュリティレベルが定義されている。

- **セキュリティモード1**

  このモードでは、暗号化によるセキュリティが適用され、3つのレベルが含まれる。
  - レベル1
    セキュリティなし(リンクは暗号化されていない)。
  - レベル2
    未認証の暗号化。
  - レベル3
    認証済みの暗号化。

- **セキュリティモード2**

  このモードでは、データ署名(032ページの「セキュリティ・マネージャ(SM)」を参照)によるセキュリティが適用され、2つのレベルが含まれる。
  - レベル1
    未認証のデータ署名。
  - レベル2
    認証済みのデータ署名。

あらゆるコネクションはセキュリティモード1、レベル1でその寿命をスタートさせるが、その後、暗号化またはデータ署名による任意のセキュリティモードへアップグレード可能だ。暗号鍵をスイッチすることによってリンクをモード1、レベル3からモード1、レベル2へダウングレードすることは可能だが、低位層での暗号化を停止することはできないため、セキュリティモード1、レベル2からのダウングレードは不可能だ。このことは、重要なので知っておいてほしい。

セキュリティモードと手順

前のセクションで詳述したすべてのモードと手順に加えて、GAPではセキュリティの確立と適用に関連したモードと手順が追加して定義されている。

 このセクションでは、**モード**という用語は、手順を行うため、あるいは手順を行ってもらうためにデバイスがスイッチできる一時的な状態という、本来の意味に戻って使われる。

このセクションでは、032ページの「セキュリティ・マネージャ（SM）」の基本セットを補完し、増強するセキュリティモードと手順を簡単に説明する。

- **ボンディング不可（Non-bondable）モード**
  このモードにいるデバイスはボンディング手順の開始を許さないが、ペアリング手順の実行を許可するのは自由だ。このモードでは、デバイスが鍵を配付したり受領したり保存したりすることはできず、すべてのセキュリティレベルのアップグレードはコネクションの寿命までに制約される。

- **ボンディング可能（Bondable）モード**
  このモードではデバイスがピアとボンドを作成し、永続的にセキュリティ暗号鍵を保存することができる。

- **ボンディング手順（Bonding procedure）**
  セントラルは033ページの「セキュリティ手順」に記述されるボンディング手順を、いつでも開始することができる（デバイスがすでにボンディングされている場合にも可能で、この場合には新しい鍵が生成され、古い鍵と置き換えられる）。しかし、その時点で有効なものよりも高いセキュリティモードがGATTデータアクセスによって実際に要求されるまで行わないのが、どちらかといえば普通のやり方だ。

- **認証手順**(Authentication procedure)

  050ページの「認証」で触れたように、認証手順はコネクションに現在の低いセキュリティモードから高いセキュリティモードへの移行を引き起こす。これは、ペアリングまたはボンディング手順の形態で行われることもあるし、暗号鍵がすでに利用可能であって両側で十分に認証済みであれば、暗号化手順の形をとることもある。

- **認可手順**(Authorization procedure)

  BLEおよびGAPにおける認可(Authorization)とは、アプリケーション(そして最終的にはユーザー)に、特定のトランザクションを受容するか拒否するかの機会を与えることを意味する。これはデバイスがユーザーインタフェースを持たない場合には内部的なアプリケーションのチェックの形態をとることもあるし、ユーザーインタフェースがある場合にはユーザーに直接許可を求めることもできる。

- **暗号化手順**(Encryption procedure)

  この手順は、025ページの「コネクション」および033ページの「セキュリティ手順」に記述されるように、リンク層に組み込まれた暗号化能力を利用して、その時点のコネクション上のすべてのトラフィックの暗号化を開始する。暗号化手順を開始できるのはセントラルだけだが、032ページの「セキュリティ・マネージャ(SM)」に言及される**セキュリティ要求**によって、ペリフェラルはセントラルに暗号化手順の開始を要求することができる。

厳密にはモードでも手順でもないが、**プライバシー**機能についてもGAPのセキュリティに関するこのセクションで説明しておくべきだろう。プライバシーは、バージョン4.0と4.1との間で大幅に変更されたBLE規格の側面の1つだった。この機能は単純化され、また規格の文言は、数年にわたって実際に利用されてきた実装を反映して、その時点で出荷されていたデバイスの現状に合わせて修正された。

このリビジョンは**プライバシー1.1**と名付けられ、4.1のリリースには古いプライバシーセクションを置き換える新たな機能としてリストされている。プライバシー機能を利用する際、デバイスは周期的に新しい解決可能プライベートアドレス(049ページの「アドレス種別」を参照)を生成し、自分自身のアドレスとして設定する。そのデバイスをピアが識別するには、IRKを利用してそのアドレスを解決するしか方法がない。すべての解決可能プライベートアドレスは一時的な性質のものであって、永続的に保存することは意味がないからだ。

その代わり、それまでに両方のデバイスで共有され保存されたIRK(035ページの「セキュリティ暗号鍵」を参照)がデバイス内でのアドレスの生成に利用され、デバイスのアイデンティティを保護するとともに、そのデバイスを識別しようとするデバイス上での解決に用いられる。この機能はすべてのGAP役割で並行して利用することができ、共有IRKを持っていない悪意のあるデバイスが、特定のデバイスのBluetoothデバイスアドレスを用いてそのデバイスを特定したり追跡したりすることを防止することができる。

その他のGAP定義

すべての役割、モード、そして手順の他にも、GAPにはアプリケーション開発者なら知っておきたい2つの追加的な項目が導入されている。

アドバタイズデータのフォーマット

これまで、アドバタイズ（およびスキャン応答）パケットによって伝達できるユーザーデータについて説明してきたが、このデータが収納されるべきフォーマットについては触れてこなかった。汎用的なコンテナはGAPのコア規格に定義されており、これは単純に長さ（1バイト）、**AD Type**（アドバタイズデータ種別、1バイト）、そして実際のデータ（可変長）からなるデータ構造体のシーケンスで構成されている。各構造体には、ユーザーデータの個別のアイテムが含まれる。

許容されるAD Typeの完全なリストは、Bluetooth SIGの「規格に採用された文書」のページ（https://www.bluetooth.org/ja-jp/specification/adopted-specifications）のコア仕様補完（CSS、現時点でバージョン4）から取得できる。表3-3は、通常のアプリケーション開発でよく使われるAD Typeを説明したものだ。このリストは完全なものではないが、より詳しい情報が必要であればAD Typeについて調べてみてほしい。

名称	実際のデータの長さ（バイト）	説明
Flags	1（拡張可能）	044ページの「検索」に記述されるように、制限または一般検索モードの設定に用いられる
Local Name	可変長	部分的または完全なユーザー可読ローカル名（UTF-8）
Appearance	2	アドバタイズパケットを送信しているデバイスの種別を示す16ビットの値
TX Power Level	1	アドバタイズパケットの送信に用いられるdBm単位の送信レベルで、オブザーバーまたはセントラル側で経路損失を計算するために使われる
Service UUID	可変長	（GATTサーバーとして）パケットを送信しているデバイスが提供するGATTサービスの完全または部分的なリスト
Slave Connection Interval Range	4	このペリフェラルに最適なコネクション間隔の範囲をセントラルに示唆する
Service Solicitation	可変長	（GATTクライアントとして）パケットを送信しているデバイスがサポートするGATTサービスのリスト
Service Data	可変長	GATTサービスを示すUUIDとそれに関連付けられたデータ
Manufacturer Specific Data	可変長	自由にフォーマット可能なデータで、実装によって自由に使ってよい

表3-3 AD Type

すべてのAD Typeがあらゆる状況で有効なわけではなく、また31バイトというアドバタイズパケットとスキャン応答のサイズのため含まれるAD Typeの数は制限されるが、どのような種類の情報が利用可能で、どのフィールドが重要かをさまざまな状況について理解しておくことは重要だ。このセクションでは、サービス関連AD Typeがどう使われるかを簡単に説明する。

　BLEではデータを論理グループへカプセル化するために、サービスとサービスUUIDが用いられる（詳しくは4章を参照してほしい）。Bluetooth SIGでは数多くの公式サービスを定義しているが、そのすべてにはユニークなUUIDが関連付けられており、また読者自身も自由に独自のカスタムサービスを作成し、専用のUUIDを割り当てることができる。サービスは、デバイスの相互運用を可能とするためのものだ。たとえば、Battery Serviceを実装するデバイスは、Bluetooth SIGによって定義されたものと同一のデータコントラクトに基づいて、同一のUUIDとデータフォーマットを用いて、実装を行わなくてはならない。

　アドバタイズパケットには、Service UUID AD Typeの下にサービスUUIDの完全または不完全なリストを含めることができ、これによってコネクションを確立しなくても、そのペリフェラルによって公開されるサービスを他のデバイスに知らせることができる。コネクションにはコストがかかるし、またコネクションが必要となる状況を制限することはバッテリー寿命を延ばすためにも役立つ。デバイスがGATTサーバーとしてサービスの一定のセットを公開していることを周知していれば、到達範囲内にあるすべてのデバイスとコネクションを確立しなくても、そのデバイスが重要かどうかをより迅速に判断することができる。

　逆にService Solicitationは、そのペリフェラルがGATTクライアントとして動作する際にどのサービスへアクセスする可能性があるかを、アドバタイズパケットを受信するセントラルデバイスに理解してもらうために使われる。セントラルがGATTサーバーとしてこれらのサービスをまったく公開していないような特定の場合には、インタラクションが極端に制限されることがわかるため、コネクションしようとさえしないかもしれない。

　サービスはコネクションが確立された後に利用できるのが普通だが、アドバタイズパケットにはアドバタイズペイロードの中で直接サービスデータを提供できるメカニズムが組み込まれている。これがService Dataだ。Service Dataフィールドを使う利点として重要なのは、任意の数の待ち受けデバイスへGATTサービス内部に含まれるデータをブロードキャストでき、2つのデバイス間で専用のコネクションを張ってサービスデータを読み出す必要がなくなることだ。

　最後に、Manufacturer Specific Data AD Typeは汎用の包括的なフィールドで、アドバタイズペイロードの中に任意のデータのかたまりを含めることができる。たとえば、AppleのiBeacon（144ページの「iBeacon」）では、このAD Typeを使って他のデバイスへデータをプッシュしている。これには位置を識別する128ビットのUUIDと、同一ファミリ中の個別ノードを区別するための2つの16ビット値が含まれる。このフィールドは、小さなかたまりのカスタムデータをブロードキャストしたい製品設計者にとってさまざまな方法で柔軟に使えるし、アドバタイズイベントごとにこのフィールドの内容を変更することも一般的には自由だ。

新しいAD Typeが一般に利用できるようになったときには、「規格に採用された文書」のページ（https://www.bluetooth.org/ja-jp/specification/adopted-specifications）のコア仕様補完（CSS）への更新をBluetooth SIGがリリースする可能性があることに注意してほしい。[*1]

GAPサービス

コア規格のGAPセクションに含まれる最後の項目がGAPサービスだ。これは義務的なGATTサービスであってすべてのデバイスにそのアトリビュート（029ページの「アトリビュート・プロトコル（ATT）」を参照）の一部として含まれなくてはならない。このサービスは、セキュリティ要件なしにコネクションされたすべてのデバイスから自由に（読み出しのみ）アクセス可能で、以下の3つの特性が含まれる。

- デバイス名特性（Device Name characteristic）
  これには、表3-3に示したDevice Name AD Typeに含まれるものと同一の、ユーザー可読なUTF-8文字列が含まれる。048ページの「追加的GAP手順」の名前検索手順を行う際に読み出される特性だ。

- アピアランス特性（Appearance characteristic）
  この16ビットの値は、デバイスが含まれる特定の汎用カテゴリー（電話、コンピュータ、腕時計、センサーなど）とデバイスを関連付けるもので、典型的にはGATTクライアントがそのカテゴリーを示すアイコンを表示するために用いられる。この特性は、Appearance AD Typeを持つアドバタイズパケットによって提供することも可能だ。

- ペリフェラル推奨コネクションパラメータ（PPCP）特性（Peripheral Preferred Connection Parameters (PPCP) characteristic）
  セントラルはペリフェラルとのコネクションを確立した後でも、この特性の値を読み出してコネクションパラメータ更新手順（048ページの「追加的GAP手順」で説明した）を実行し、コネクションのパラメータをペリフェラルに適合した値に変更することができる（が、その義務はない）。

4章では、確立されたコネクション上でBLEデバイスがユーザーデータをやり取りするための手順すべてを含めて、さらに詳しくGATTサービスと特性について見ていく。

[*1] 訳注：2014年12月2日に、Core Specification 4.2とCSS v5がリリースされている。

4 GATT（サービスと特性）
GATT (Services and Characteristics)

汎用アトリビュート・プロファイル（GATT）は、BLEコネクション上ですべてのプロファイルとユーザーデータをやり取りする方法を詳細に規定する。デバイスとの低レベルのインタラクションを定義するGAP（3章）とは異なり、GATTは実際のデータ転送手順とフォーマットのみを取り扱う。

またGATTは、明確なユースケースをカバーし異なるベンダーのデバイス間で相互運用性を確保する、すべての**GATTベースのプロファイル**（014ページの「SIGによって定義されるGATTベースのプロファイル」で説明した）の参照フレームワークも提供している。したがって、すべての標準BLEプロファイルはGATTに基づいていて、正しく動作するためにはGATTに準拠しなくてはならない。このため、GATTはBLE規格の特に重要な部分となっている。アプリケーションとユーザーに関係するすべてのデータは、GATTのルールにしたがってフォーマットされ、パックされ、そして送信されなくてはならないからだ。

GATTはデバイス間でデータをやり取りするためのトランスポート層プロトコルとして、アトリビュート・プロトコル（029ページの「アトリビュート・プロトコル（ATT）」で説明した）を利用している。このデータは階層構造を持つ、**サービス**と呼ばれる区分に整理される。またこのサービスには、**特性**と呼ばれる概念的に関連するユーザーデータがまとめられている。この章で説明するGATTの基本的な側面の多くは、この構造によって決められている。

役割

Bluetooth規格の他のプロトコルやプロファイルと同様に、GATTでもまず、対話するデバイスが演じる役割が定義される。

- **クライアント（Client）**
  GATTのクライアントは、029ページの「アトリビュート・プロトコル（ATT）」で説明したATTのクライアントに対応する。クライアントは要求をサーバーへ送信し、サーバーから応答（およびサーバー主導更新）を受信する。GATTクライアントはサーバーのアトリビュートに関して事前に何も知らないので、まずサービス検索を行ってこれらのアトリビュートの存在と性質について問い合わせなくてはならない。サービス検索が完了した後、サーバーに見つかったアトリビュートの読み出しや書き込み、そしてサーバー主導更新の受信を始めることができる。

- **サーバー（Server）**

GATTのサーバーは、029ページの「アトリビュート・プロトコル（ATT）」で説明したATTのサーバーに対応する。サーバーはクライアントから要求を受信し、応答を返す。また、そのように構成されている場合にはサーバー主導更新を送信する。サーバーは、アトリビュートに整理された形でユーザーデータを保存し、クライアントが利用できるようにする責任を負う役割だ。市販されるすべてのBLEデバイスは、少なくともクライアントの要求へ（たとえエラー応答を返すだけであっても）応答できる、基本的なGATTサーバーを含まなくてはならない。

GATTの役割はGAPの役割とは独立しており（040ページの「役割」を参照）、また互いに並行して共存できることは、ここで指摘しておくべきだろう。つまり、GAPセントラルとGAPペリフェラルは両方とも、GATTクライアントまたはサーバーとして、あるいは同時にその両方として、ふるまうことができるのだ。

UUID

ユニバーサル固有識別子（UUID）は、グローバルにユニークであることが保証されている（あるいは、高い確率でそうである）128ビット（16バイト）の数値だ。UUIDはBluetooth以外の多くのプロトコルやアプリケーションにも使われており、そのフォーマットや利用方法、そして生成方法はITU-T Rec. X.667（http://www.itu.int/rec/T-REC-X.667/en）、別名ISO/IEC 9834-8:2005（http://www.iso.org/iso/catalogue_detail.htm?csnumber=36775）に規定されている。

効率を高めるため、また27バイトのリンク層データペイロードの中で16バイトは大きな部分を占めるという理由から、BLE規格では16ビットUUIDと32ビットUUIDという2種類の追加フォーマットが規定されている。これらの短縮形フォーマットは、Bluetooth規格で定義されている（つまり、標準Bluetooth UUIDとしてBluetooth SIGが列挙している）UUIDにのみ使用することができる。

短縮形から完全な128ビットUUIDを再構築するには、その16ビットまたは32ビットの短い値（ここでは最初のゼロを含めてxxxxxxxxと表記する）を、以下のようにBluetooth Base UUIDの前に挿入すればよい。

xxxxxxxx-0000-1000-8000-00805F9B34FB

SIGでは、Bluetoothで定義され、規定されるすべてのタイプ、サービス、そしてプロファイルに（短縮）UUIDを提供している。しかし、SIGの提供するUUIDが読者の要求をカバーしていないとか、プロファイルの規定にいままで考慮されていなかった新しいユースケースを実装したい、などの理由で読者のアプリケーションに独自のUUIDを必要とする場合には、ITUのUUID生成ページ（http://www.itu.int/ITU-T/asn1/uuid.html）を使って生成できる。

Bluetooth Base UUIDから派生したものではないUUID（通常**ベンダー固有UUID**と呼ばれる）については、短縮形は利用できない。このような場合には、常に完全な128ビットのUUID値を使う必要がある。

アトリビュート

アトリビュートは、GATT（とATT）によって定義される最小のデータエンティティだ。アトリビュートは**アドレス可能（addressable）**な情報であって、サーバー内に含まれるさまざまなアトリビュートの構造やグループに関するユーザーデータ（**メタデータ（metadata）**）を持つことができる。GATTもATTもアトリビュートしか取り扱えないので、クライアントとサーバーが対話するためには、すべての情報をこの形式に整理しておかなくてはならない。

概念的には、アトリビュートは常にサーバー上にあり、クライアントによってアクセスされる（変更されることもある）。規格では、アトリビュートは概念的にのみ定義されており、ATTやGATTがどんな内部ストレージフォーマットやメカニズムを使用してこれを実装するかは規定されていない。アトリビュートには不変の性質を静的に定義するものと、（063ページの「アトリビュートとデータの階層構造」で説明するように）時間とともにどんどん変化する実際のユーザー（センサーであることが多い）データの両方が含まれるので、アトリビュートは不揮発性メモリとRAMの両方に保存されるのが普通だ。

すべてのアトリビュートには、以下のセクションに説明するフィールドの中に、アトリビュート自身に関する情報と実際のデータが含まれている。

ハンドル

アトリビュートのハンドルは、特定のGATTサーバー上のあらゆるアトリビュートにユニークな16ビットの識別子だ。これはあらゆるアトリビュートをアドレス可能とするために付けられているもので、トランザクションにわたって変化しない（ただし、074ページの「アトリビュートのキャッシュ」で説明する注意が必要）上に、ボンディングされたデバイスについては複数コネクションにわたっても変化しないことが保証されている。値0x0000は無効なハンドルを示すため、GATTサーバー1つにつき利用可能なハンドルの数は0xFFFF（65535）となるが、実際には1つのサーバーのアトリビュートの数は数十個程度のことが多い。

アトリビュートハンドルの文脈で用いられる際、**ハンドル範囲**（handle range）という用語は、与えられた2つの境界値の間に含まれるハンドルを持つすべてのアトリビュートを意味する。たとえば、ハンドル範囲0x0100-0x010Aは0x0100と0x010Aの間のハンドルを持つ任意のアトリビュートを意味することになる。

1つのGATTサーバーの中でクライアントがアクセスできるアトリビュートのシーケンスは、ハンドルの値が増える方向に決められている。しかしハンドルの間にはギャップが存在してもよいことになっているため、クライアントは連続して並んでいることを前提として次のアトリビュートの場所を推測してはならない。そうではなく、クライアントは検索機能（076ページの「サービスと特性の検索」）を使って、興味のあるアトリビュートのハンドルを取得しなくてはならない。

タイプ

アトリビュートのタイプは、UUIDそのものだ（058ページの「UUID」を参照）。これは16ビット、32ビット、または128ビットのUUIDのいずれかで、それぞれ2バイト、4バイト、または16バイトを占有する。アトリビュートの値として表現されるデータの種類はこのタイプによって特定され、またタイプのみに基づいてアトリビュートを検索するメカニズムが提供されている（076ページの「サービスと特性の検索」を参照）。

アトリビュートのタイプは常にUUIDだが、タイプに使えるUUIDには多くの種類がある。**サービス**あるいは**特性** UUIDのようにGATTサーバーのアトリビュート階層構造のレイアウト（063ページの「アトリビュートとデータの階層構造」でさらに詳しく説明する）を決める標準UUIDもあれば、**心拍数測定値**または**温度**のようにアトリビュートに含まれるデータの種類を規定するプロファイルUUID、あるいは意味がベンダーによって割り当てられ実装に依存する、独自のベンダー固有UUIDなどというものもある。

パーミッション

パーミッションは、あるアトリビュートに対してどのATT操作（030ページの「ATT操作」を参照）が、どのような特定のセキュリティ要件の下で実行できるかを規定するメタデータだ。

ATTとGATTでは、以下のパーミッションが定義されている。

- **アクセスパーミッション（Access Permissions）**
  ファイルのパーミッションと同じように、アクセスパーミッションはクライアントが**アトリビュート値**（062ページの「値」で説明する）に対して読み出しまたは書き込み（あるいはその両方）ができるかどうかを決定する。各アトリビュートは、以下のアクセスパーミッションのいずれかを持つことができる。
  - なし（None）
    そのアトリビュートは、クライアントによる読み出しも書き込みもできない。
  - 読み出し可能（Readable）
    そのアトリビュートは、クライアントによる読み出しができる。
  - 書き込み可能（Writable）
    そのアトリビュートは、クライアントによる書き込みができる。
  - 読み書き可能（Readable and writable）
    そのアトリビュートは、クライアントによる読み出しと書き込みの両方ができる。

- **暗号化（Encryption）**
  このアトリビュートがクライアントによってアクセスされる際に、特定のレベルの暗号化が要求されるかどうかを決定する。（認証と暗号化に関してさらに情報を得るには、050ページの「認証」、052ページの「セキュリティモードと手順」、そして051ページの「セキュリティモード」を参照してほしい。）GATTの定義によれば、以下の暗号化パーミッションが許可される。
  - 暗号化不要（No encryption required）（セキュリティモード1、レベル1）
    このアトリビュートは、平文の暗号化されていないコネクション上でアクセスできる。
  - 未認証暗号化要求（Unauthenticated encryption required）（セキュリティモード1、レベル2）
    このアトリビュートへアクセスするためのコネクションは、暗号化されていなくてはならないが、暗号鍵は認証されている必要はない（認証済みであってもよい）。
  - 認証済み暗号化要求（Authenticated encryption required）（セキュリティモード1、レベル3）
    このアトリビュートへアクセスするためのコネクションは、認証済み鍵によって暗号化されていなくてはならない。

- **認可（Authorization）**
  このアトリビュートへアクセスする際に、ユーザーによる許可（052ページの「セキュリティモードと手順」で説明したように、「認可」とも呼ばれる）が要求されるかどうかを決定する。アトリビュートが選択できるのは、認可の要求か不要のみだ。
  - 認可不要（No authorization required）
    このアトリビュートへのアクセスに、認可は不要。
  - 認可要求（Authorization required）
    このアトリビュートへのアクセスには、認可が要求される。

すべてのパーミッションは互いに独立しており、サーバーによって自由に組み合わせることができる。サーバーはパーミッションをアトリビュートごとに保存する。

値

アトリビュートの値には、そのアトリビュートの実際のデータの内容が含まれている。アトリビュートに含まれるデータの型には何の制約もない（アトリビュートのタイプに基づいて実際の任意のデータにキャストできる、型付けされていないバッファーであると想像してほしい）が、規格によって最大の長さは512バイトに制限されている。

063ページの「アトリビュートとデータの階層構造」で説明するように、アトリビュートのタイプに応じて値には、アトリビュート自身に関する追加的情報や実際に役立つユーザー定義のアプリケーションデータを持たせることができる。このような値はクライアントが（適切なパーミッションによって許可されていれば）自由にアクセスして読んだり書いたりできるアトリビュートに含まれる。これ以外のすべてのエンティティは、アトリビュートの構造を作り上げるためのものなので、クライアントによる直接の変更やアクセスはできない（しかしクライアントは、サーバーとのやり取りの大部分で間接的にそのハンドルやUUIDを使うことになる）。

GATTサーバーに含まれるアトリビュート全体のセットは、（表4-1のような）表として考えることができる。この表で行は1つのアトリビュートを、また列は実際にアトリビュートを構成するさまざまな要素を表現している。

ハンドル	タイプ	パーミッション	値	値の長さ
0x0201	$UUID_1$（16ビット）	読み出し、セキュリティなし	0x180A	2
0x0202	$UUID_2$（16ビット）	読み出し、セキュリティなし	0x2A29	2
0x0215	$UUID_3$（16ビット）	読み書き、認可要求	"可読のUTF-8文字列"	23
0x030C	$UUID_4$（128ビット）	書き込み、セキュリティなし	{0xFF, 0xFF, 0x00, 0x00}	4
0x030D	$UUID_5$（128ビット）	読み書き、認証済み暗号化要求	36.43	8
0x031A	$UUID_1$（16ビット）	読み出し、セキュリティなし	0x1801	2

表4-1 表として表現されたアトリビュート

この架空のGATTサーバーでは、それに含まれるアトリビュートが単純な表の行として表現されている。この特定のGATTサーバーは、たまたま5個のアトリビュートのみをホストしている（これは現実世界のデバイスと比較した場合、かなり少ない数だ）。このセクションですでに触れたとおり、（この例のように）異なるアトリビュートのハンドルは必ずしも連続している必要はないが、単調に増加しなくてはならないことに注意してほしい。

この表の値の列は、さまざまなGATTベースのプロファイルでアトリビュートの値に含まれる可能性のある多様なフォーマットを反映したものになっている。ハンドル0x0201、0x0202、そして0x031Aのアトリビュートには、それぞれ値フィールドに16ビットの整数が含まれている。ハンドル0x0215のアトリビュートにはUTF-8文字列が、0x030Cには4バイトのバッファーが、そして0x030DにはIEEE-754形式の64ビット浮動小数が値フィールドに含まれている。

アトリビュートとデータの階層構造

　Bluetooth規格ではATTセクションでアトリビュートが定義されているが、ATTとの関係はここまでだ。ATTはアトリビュートに基づいて、また059ページの「アトリビュート」に示したすべての概念を利用して、一連の明確なプロトコルデータユニット(PDU、通常は**パケット**と呼ばれる)を提供し、クライアントがサーバー上のアトリビュートへアクセスできるようにする。
　GATTはさらに、厳密な階層構造を規定してアトリビュートを再利用可能で実用的な形で整理し、厳密なルールセットにしたがってクライアントとサーバーとの間の情報のアクセスや検索が行えるようにしている。このルールはまた、すべてのGATTベースのプロファイルによって利用されるフレームワークの一部ともなっている。
　図4-1に、GATTで導入されるデータの階層構造を示す。

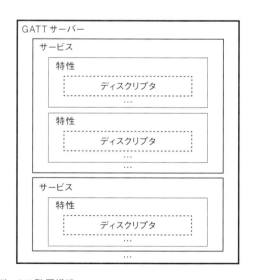

図4-1　GATTデータの階層構造

GATTサーバー中のアトリビュートは**サービス**にグループ化され、それぞれのグループにはゼロ個以上の**特性**が含まれる。これらの特性にはさらに、ゼロ個以上の**ディスクリプタ**が含まれる。この階層構造はGATT準拠を主張するあらゆるデバイス（基本的には市販されるBLEデバイスすべて）へ厳密に適用される。つまり、GATTサーバー中のすべてのアトリビュートは、一切の例外なく、これら3つのカテゴリーのいずれかに含まれるのだ。BLEデバイス間のデータのやり取りはこの階層構造に依存しているため、階層構造の外で宙ぶらりんになったアトリビュートは存在し得ない。

GATT階層構造中の大部分の種類のデータについては、その**定義**（definition）（それを構成するアトリビュートのグループ全体）と、**宣言**（declaration）とを区別することが大事だ。宣言は定義の中で常に（ハンドルの増加する順番で）最初に配置され、それ以降のデータに関するメタデータの大部分を導入する。すべての宣言は読み出しのみのパーミッションを持ち、セキュリティは要求されない。宣言には機密性のあるデータが含まれる可能性がないからだ。宣言は唯一の構造的アトリビュートであって、クライアントがサーバー上のアトリビュートのレイアウトと性質を発見し、検索することを可能にする。

サービス

GATTのサービスは、GATTサーバー中の概念的に関連性のあるアトリビュートを、アトリビュート情報セットの共通区分にまとめたものだ。規格では、1つのサービス中のすべてのアトリビュートを**サービス定義**（service definition）と呼んでいる。したがって、GATTサーバーのアトリビュートは実際にはサービス定義が連なったものであって、それぞれのサービスの最初にはサービスの開始を示す1個のアトリビュートが存在する（これは**サービス宣言**（service declaration）と名付けられている）。このアトリビュートのタイプと値のフォーマットは、表4-2に示すように、GATTで厳密に規定されている。

ハンドル	タイプ	パーミッション	値	値の長さ
0xNNNN	UUID$_{primary\ service}$ または UUID$_{secondary\ service}$	読み出しのみ	サービスUUID	2、4、または16バイト

表4-2 サービス宣言アトリビュート

表4-2に示した宣言のUUID$_{primary\ service}$（0x2800）とUUID$_{secondary\ service}$（0x2801）は、サービスの開始専用に用いられるタイプとしてSIGによって割り当てられた標準UUIDを示している。これらは当然、16ビットのUUIDだ（規格で定義される基本的なUUIDであるため）。

プライマリサービスとセカンダリサービスとの違いは、重要なので注意してほしい。**プライマリサービス**(primary service)は、GATTサービスの標準タイプであって、GATTサーバーによって公開される重要な標準機能が含まれる。これに対して**セカンダリサービス**(secondary service)は、他のプライマリサービスにインクルードされることのみを意図した、修飾子としてのみ理解される、それ自体では実際の意味を持たないサービスだ。実際にセカンダリサービスが使われることはめったにない。

サービス宣言アトリビュートそれ自身の値にはUUIDが含まれ(062ページの「値」で触れたように、アトリビュートの値はどんなデータ型であってもよい)、これがこの宣言から始まる実際のサービスのUUIDに対応する。

サービス宣言は必ずサービスの最初のアトリビュートでなくてはならないが、次のサービス宣言までにそれ以外の多数のアトリビュートを続けることができる。これらは通常、特性やディスクリプタの形式を取る。

概念的にGATTサービスは、何かモダンなオブジェクト指向言語のクラスであって、インスタンス化されたものと考えることができるだろう。サービスは1つのGATTサーバーの内部で複数回インスタンス化できるからだ(しかしこれはよくあることではないため、大部分のサービスはシングルトンに類似したものとなる)。

サービス定義の内部(つまり、サービス内部)では、**インクルード定義**(include definition)を利用して、他のサービスへの1つ以上の参照を追加することができる。インクルード定義は、インクルードされたサービスをクライアントが参照するために必要なすべての詳細情報を含む1つのアトリビュート(**インクルード宣言**(include declaration))から構成される。

サービスのインクルードは、GATTサーバー中のデータの重複を避けるために役立つ。あるサービスが他のサービスから参照される場合、このメカニズムを使ってメモリを節約し、GATTサーバーのレイアウトを単純化することができる。先ほどのクラスとオブジェクトのたとえを使えば、インクルード定義は既存オブジェクトのインスタンスへのポインタや参照とみなすことができるだろう。

表4-3に、インクルード宣言アトリビュートと、そのすべてのフィールドを示す。

ハンドル	タイプ	パーミッション	値	値の長さ
0xNNNN	$UUID_{include}$	読み出しのみ	インクルードされるサービスのハンドル、グループ最終ハンドル、インクルードされるサービスのUUID	6、8、または20バイト

表4-3 インクルード宣言アトリビュート

ここでも、$UUID_{include}$(0x2802)はSIGによって割り当てられた特別なUUIDで、インクルード宣言専用に用いられる。また値フィールドにはインクルードされるサービスの最初と最後のハンドルと、そのUUIDが含まれる。

特性

特性は、ユーザーデータのコンテナとして理解することができる。これには必ず、**特性宣言**(characteristic declaration)(実際のユーザーデータに関するメタデータを提供する)と**特性値**(characteristic value)(値フィールドにユーザーデータを含む完全なアトリビュート)という、少なくとも2つのアトリビュートが含まれる。

さらに、特性値の後にディスクリプタを続けることができ、これによって特性宣言に含まれるメタデータをさらに拡張することができる。上記の宣言、値、そして任意のディスクリプタを合わせて**特性定義**(characteristic definition)が形成される。このアトリビュートの集まりが、1個の特性を構成する。

表4-4に、すべての特性の最初の2つのアトリビュートの構造を示す。

ハンドル	タイプ	パーミッション	値	値の長さ
0xNNNN	UUID_characteristic	読み出しのみ	プロパティ、値ハンドル(0xMMMM)、特性UUID	5、7、または19バイト
0xMMMM	特性UUID	任意	実際の値	可変長

表4-4 特性宣言および特性値アトリビュート

すべてのGATT特性は必ずサービスの一部となるので、常にサービスの中に含まれる形で存在する。

特性宣言アトリビュート

ここでも、特性宣言アトリビュートのタイプUUID(0x2803)は標準化されたユニークなUUIDで、特性の開始を示すためだけに用いられる。他のすべての(サービスやインクルード)宣言と同様に、このアトリビュートは読み出しのみのパーミッションを持つ。クライアントはこの値を取り出すことだけが許され、変更は許されないからだ。

表4-5に、特性宣言のアトリビュート値を構成する項目を示す。

名前	バイト数	説明
特性プロパティ	1	この特性に許された操作を簡潔に列挙
特性値ハンドル	2	特性値に含まれるアトリビュートのハンドル
特性UUID	2、4、または16	この特性のUUID

表4-5 特性宣言アトリビュートの値

以下の3つのフィールドが、特性宣言アトリビュートの値に含まれる。

- **特性プロパティ（Characteristic Properties）**
  この8ビットのフィールドは、拡張プロパティディスクリプタ（069ページの「拡張プロパティディスクリプタ」で説明する）で追加される2ビットとともに、この特性で利用できる操作と手順を示す。これら10個のプロパティは、表4-6に示すようにビットフィールド中の1ビットにエンコードされる。

プロパティ	場所	説明
ブロードキャスト（Broadcast）	プロパティ	セットされている場合、Service Data AD Typeを利用して、この特性値をアドバタイズパケットに入れることができる（「アドバタイズパケット中のGATTアトリビュートデータ」を参照）
読み出し（Read）	プロパティ	セットされている場合、クライアントは「ATT操作」に列挙された任意のATT読み出し操作を行って、この特性値を読み出すことができる
応答なしの書き込み（Write without response）	プロパティ	セットされている場合、クライアントはこの特性に書き込みコマンドATT操作を行える（「ATT操作」を参照）
書き込み（Write）	プロパティ	セットされている場合、クライアントはこの特性に書き込み要求／応答ATT操作を行える（「ATT操作」を参照）
通知（Notify）	プロパティ	セットされている場合、サーバーはこの特性にハンドル値通知ATT操作を行える（「ATT操作」を参照）
通告（Indicate）	プロパティ	セットされた場合、サーバーはこの特性にハンドル値通告／確認ATT操作を行える（「ATT操作」を参照）
署名付き書き込みコマンド（Signed Write Command）	プロパティ	セットされている場合、クライアントはこの特性に署名付き書き込みコマンドATT操作を行える（「ATT操作」を参照）
拡張プロパティ（Extended Properties）	プロパティ	セットされている場合、拡張プロパティが存在することを示す。
キューイング書き込み（Queued Write）	拡張プロパティ	セットされている場合、クライアントはこの特性にキューイング書き込みATT操作を行える（「ATT操作」を参照）
付属情報書き込み可能（Writable Auxiliaries）	拡張プロパティ	セットされている場合、クライアントは「特性ユーザー記述ディスクリプタ」に説明するディスクリプタへの書き込みが行える

表4-6 特性プロパティ

クライアントはこれらのプロパティを読み出して、この特性にどの操作を行うことが許されているかを判断できる。このことは、特に通知と通告のプロパティについて重要だ。これらの操作はサーバー主導で行われるが（詳しくは080ページの「サーバー主導更新」を参照）、最初にクライアントが、069ページの「クライアント特性構成ディスクリプタ」で説明するディスクリプタを利用してこれらを有効にすることが必要となるからだ。

- **特性値ハンドル**（Characteristic Value Handle）
  この2バイトには、その特性の実際の値を含むアトリビュートのハンドルが含まれる。このハンドルが、宣言を含むハンドルと連続している（つまり、0xNNNN+1となる）ことも多いが、そう決めつけてはならない。

- **特性 UUID**（Characteristic UUID）
  特性のUUIDであって、SIGによって承認されたUUID（標準プロファイルに含まれる数十個の特性タイプを利用する場合）か、あるいは128ビットのベンダー固有UUIDのいずれかとなる。

クラスとオブジェクト指向のたとえを続けると、特性はそのクラスの個別のフィールドやプロパティのようなもので、プロファイルは特定のニーズや目的のために1個以上のクラスを利用するアプリケーションのようなものだ。

特性値アトリビュート

最後に、特性値アトリビュートには、現実の情報のやり取りのためにクライアントが読み出したり書き込んだりできる、実際のユーザーデータが含まれる。このアトリビュートのタイプは常に、(066ページの「特性宣言アトリビュート」で示した)特性宣言の値フィールドに入っているものと同一のUUIDだ。したがって、特性値アトリビュートは**サービス**や**特性**のタイプを持つことはなく、センサーの測定値やキーボードの押されたキーなどを示す、具体的な特定のUUIDを持つことになる。

特性値アトリビュートの値には、想像できる限りどんな種類のデータでも含めることができる。摂氏の温度からキーのスキャンコードや表示する文字列、あるいはマイル単位の時速など、2つのBLEデバイス間で意味を持って送信されるものなら何でも、その値の内容を入れることができるのだ。

特性ディスクリプタ

GATT特性ディスクリプタ（通常は単に**ディスクリプタ**と呼ばれる）は、主にクライアントへ**メタデータ**（特性とその値に関する追加的情報）を提供するために使われる。これらは必ず特性定義の中、特性値アトリビュートの後に置かれる。ディスクリプタは常に**特性ディスクリプタ宣言**（characteristic descriptor declaration）と呼ばれる1つのアトリビュートからなり、このUUIDは常にディスクリプタタイプであって、またその値にはその特定のディスクリプタタイプによって定義されるものが含まれる。

さまざまなGATT特性に用いられるディスクリプタは、2種類に分類できる。

- GATT定義ディスクリプタ（GATT-defined descriptors）
  これらは基本的な、広く用いられるディスクリプタタイプであって、その特性に関するメタ情報を単純に追加するものだ。以下のセクションで、よく使われるものを説明する。

- プロファイルまたはベンダー定義ディスクリプタ
  （Profile or vendor-defined descriptors）
  プロファイルを規定し公開したのがSIGであれ特定のベンダーであれ、これらのディスクリプタには、あらゆる種類のデータを含むことができる。例えばセンサーから値を得るために用いられたエンコーディングや、測定値そのものを補完するその他の特記事項など、特性値に関する追加情報も含まれる。

  以下のセクションでは、GATT定義ディスクリプタの中で最もよく使われるものをいくつか説明する。

拡張プロパティディスクリプタ（Extended Properties Descriptor）

このディスクリプタが存在する場合、プロパティに追加される2ビットだけが含まれる。これについては066ページの「特性宣言アトリビュート」で説明し、表4-6に列挙した。

特性ユーザー記述ディスクリプタ
（Characteristic User Description Descriptor）

名前からわかるように、このディスクリプタには、それが含まれる特性のユーザー可読な記述が含まれる。これはUTF-8文字列で、たとえば「居間の室温」のようなものだ。

クライアント特性構成ディスクリプタ
（Client Characteristic Configuration Descriptor）

このディスクリプタタイプ（CCCDと略記される場合が多い）は間違いなく最も重要でよく使われるものであり、また大部分のプロファイルとユースケースの運用に必須のものでもある。この機能は単純だ。このディスクリプタが含まれる特性のみを対象とする、サーバー主導更新（080ページの「サーバー主導更新」で詳しく説明する）を有効にするか無効にするかのスイッチとして動作する。

> ### 通知スイッチを提供した理由
>
> すでに述べたように、クライアントはサーバーのアトリビュートについて事前に一切の知識を持たないため、検索を行ってどのサービス、特性、そしてディスクリプタがサーバーに存在するかを見つけ出す必要がある。サーバーは、特性の値が変化した際には非同期的に、アトリビュートハンドルとその値となる一連のバイトのみを含むフォーマットのパケットで、サーバー主導更新(030ページの「ATT操作」で概要を説明したように、ハンドル値通知およびハンドル値通告)を送信する。そのパケットのフォーマットには、アトリビュートのハンドルとその値のバイト列のみが含まれる。
>
> クライアントがまだサーバー上のすべての特性とディスクリプタのハンドルを検索し終わっていない場合、こういった通知や通告に含まれて受信したデータを特定のタイプと関連付けることができず、これらの無線トランザクションが用をなさなくなってしまうおそれがある。さらに、クライアントがすべてのハンドルとそれに対応するサービスや特性を特定できたとしても、時には(アプリケーションが不可視であるためかもしれないし、クライアントがサーバーの数多くのサービスと特性のうち1つだけを使っているためかもしれない)、単純にクライアントが更新を受信したくないことがあるかもしれない。このような場合にCCCDが役に立つ。通知や通告をサポートするすべての特性について、これらをきめ細かく有効化したり無効化したりできるからだ。

CCCDの値は2ビットのビットフィールドだけで、うち1ビットは通知に、もう1ビットが通告に対応する。クライアントは任意の時点でこれらのビットをセットしたりクリアしたりでき、サーバーはこれらを含む特性の値が変化した場合、無線で更新を送信する前に毎回これらをチェックする。

通知や通告をサポートする特定の特性について、クライアントがこれらを有効化したい場合には、書き込み要求ATTパケットを使って対応するビットを1にセットするだけでよい。するとサーバーは書き込み応答で答え、値が変化したことをクライアントへ警告したい際には適切なパケットの送信を開始する。

さらに、CCCDには他のアトリビュートとは異なる2つの特別な性質がある。

- **CCCDの値はコネクションごとにユニーク**
セントラルが複数のペリフェラルとコネクションを張り、GATTサーバーとしても動作する**複数コネクションシナリオ**では、各ペリフェラルがATTでCCCDの値を読み出した際、それぞれ独自の値を受け取ることになる。

- **CCCDの値はボンディングされたデバイスとの複数コネクションにわたって保存される**
074ページの「アトリビュートのキャッシュ」ではアトリビュートのキャッシュについてより詳細に説明するが、これはアトリビュートの**ハンドル**のみについて行われる。**値**は通常デバイスによって保存されることはなく、GATTサーバーはコネクションを張るごとに値をリセットする可能性がある。このことは、ボンディングされたデバイス間のCCCDについては成り立たない。サーバー上のCCCDへクライアントによって書き込まれた最後の値は、コネクションを張りなおすまでにどれだけ長い時間が経過しても、復元されることが保証されている。

多くのプロトコルスタックでは、クライアントとサーバー両方の観点から、CCCDを取り扱うために特別なメカニズムを用意している。そのようなメカニズムは、ピア同士の正しい動作とタイムリーなデータ更新を保証するために欠かせないからだ。

特性提示フォーマットディスクリプタ
（Characteristic presentation format descriptor）

存在する場合、このディスクリプタにはそれを含む特性の値の実際のフォーマットが、7バイトのアトリビュート値として含まれている。利用できるフォーマットには、論理型、文字列型、整数型、浮動小数型、さらには汎用の型付けされていないバッファーなどがある。

サービスの例

このセクションでは、現時点で多くの市販製品に見られる具体的なサービスの一例を示す。心拍数サービス（HRS）は、ユーザーの心拍数を監視デバイスへ公開するものだ。

図4-2に、架空のサーバー上のHRSのインスタンスを示す。これはサーバーに含まれる唯一のサービスではないかもしれないので、クライアントがアクセスできるアトリビュートの完全なセットの、部分的なスライスとして見てほしい。

以下、図4-2に示したHRSサービスをハンドルごとに説明して行こう。

- **ハンドル0x0021**
このアトリビュートには、心拍数サービスのサービス宣言（064ページの「サービス」を参照）が含まれる。サービス宣言アトリビュートのフィールドは以下のとおり。
  - UUID
  このUUIDは、プライマリサービス宣言の標準16ビットUUID、$UUID_{primary\ service}$（0x2800）だ。
  - 値
  この値は、SIGによって心拍数サービスへ割り当てられた16ビットUUID（0x180D）だ。

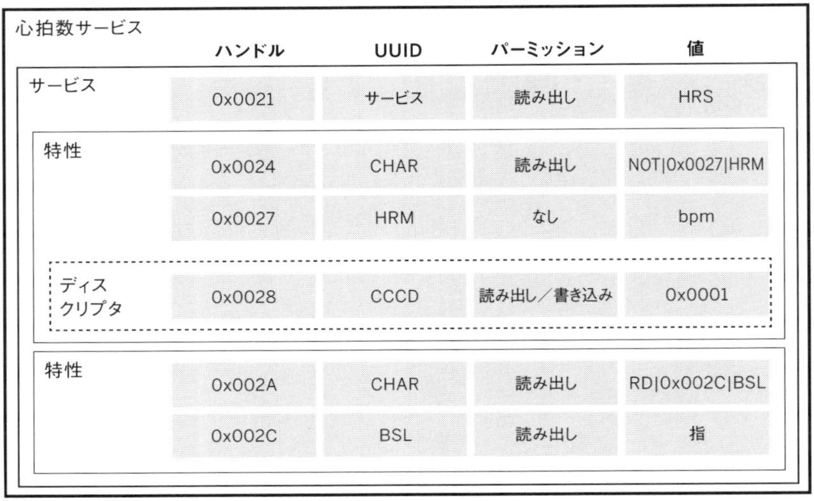

心拍数サービス		ハンドル	UUID	パーミッション	値
サービス		0x0021	サービス	読み出し	HRS
特性		0x0024	CHAR	読み出し	NOT|0x0027|HRM
		0x0027	HRM	なし	bpm
ディスクリプタ		0x0028	CCCD	読み出し／書き込み	0x0001
特性		0x002A	CHAR	読み出し	RD|0x002C|BSL
		0x002C	BSL	読み出し	指

図4-2 GATT 心拍数サービス

⊙ **ハンドル0x0024**
このアトリビュートには、心拍数測定値特性の特性宣言（066ページの「特性宣言アトリビュート」を参照）が含まれる。特性宣言アトリビュートのフィールドは以下のとおり。
- UUID
  このUUIDは、特性宣言の標準16ビットUUID、$UUID_{characteristic}$（0x2803）だ。
- 値
  この特性の特性プロパティは通知のみ、特性値ハンドルは0x0027、そして特性値UUIDは心拍数測定値のUUID（0x2A37）だ。

⊙ **ハンドル0x0027**
このアトリビュートには特性値（068ページの「特性値アトリビュート」を参照）が含まれる。ここでは心拍数の測定値そのものだ。特性値アトリビュートのフィールドは以下のとおり。
- UUID
  特性宣言アトリビュートの値の最後の2バイトと同一のUUIDとなる。
- パーミッション
  このアトリビュートの値は読み出しも書き込みもできない。クライアントはその値を、サーバーから送信される通知によってのみ取得できる。
- 値
  実際の心拍数測定値（説明のため、仮にbpmとした）。

- ハンドル0x0028
このアトリビュートにはCCCD（069ページの「クライアント特性構成ディスクリプタ」で説明した重要なディスクリプタ）が含まれる。CCCDアトリビュートのフィールドは以下のとおり。
    - UUID
    あらゆるCCCDのUUIDは、常に標準16ビットUUID$_{CCCD}$（0x2902）となる。
    - パーミッション
    CCCDは、常に読み出しと書き込みの両方が可能でなくてはならない。これらの操作を行うために要求されるセキュリティレベルは、プロファイルまたはアプリケーションによって定義される。
    - 値
    すでに説明したように、CCCDの値はビットフィールドだ。ここでは0x0001で、この特定のHRM特性に関して通知が有効となっていることを示している。

- ハンドル0x002A
このアトリビュートには、もう1つの特性宣言（066ページの「特性宣言アトリビュート」を参照）が含まれる。ここでは身体センサー位置（Body Sensor Location）特性だ。特性宣言アトリビュートのフィールドは以下のとおり。
    - UUID
    このUUIDは、特性宣言の標準16ビットUUID、UUID$_{characteristic}$（0x2803）だ。
    - 値
    この特性の特性プロパティは読み出しのみ、特性値ハンドルは0x002C、そして特性値UUIDは身体センサー位置のUUID（0x2A38）だ。

- ハンドル0x002C
このアトリビュートには特性値（068ページの「特性値アトリビュート」を参照）が含まれる。ここでは身体センサー位置だ。特性値アトリビュートのフィールドは以下のとおり。
    - UUID
    特性宣言アトリビュートの値の最後の2バイトと同一のUUIDとなる。
    - パーミッション
    このアトリビュートの値は読み出しのみだ。クライアントはセンサーの場所をチェックできるだけで、場所を変更することはできない（それはサーバーの仕事だ）。
    - 値
    実際の身体センサー位置（説明のため、仮に「指」とした）。

図4-2のようなフォーマットでサーバー上のさまざまなサービスを検索し表示するためのツールがいくつか存在するので、アプリケーション開発の際には便利かもしれない。6章では、このようなツールについてさらに情報を提供している。

高度なアトリビュートの概念

このセクションでは、アトリビュートの取り扱いに関連する追加的な概念のうち、ここで触れておく価値のあるものを紹介する。多くの種類のBLEアプリケーションでは、これらについての理解が必要とされることが多い。

アトリビュートのキャッシュ

059ページの「アトリビュート」では、クライアントがアトリビュートハンドルを使ってサーバー上のすべての利用可能なアトリビュートを個別にアドレスする方法を説明した。各アトリビュートの利用可能なハンドルのリストとその内容を検索することは、076ページの「サービスと特性の検索」で詳細に説明したように、時間のかかる(そして電力を消費する)プロセスだ。そこでこのセクションでは、クライアントがサーバーへ再コネクションするたびに検索手順を行わなくても済む方法と、それが行える条件について説明する。

サーバーの維持管理するアトリビュートのセットは安定しているのが通常で、また多くの場合、その基本的な構造はサーバーデバイスの寿命にわたって変化することはない。しかしこの点に関して、実装に厳密な制約が課されているわけではなく、実際にはサーバーはアトリビュートを全面的に見直したり、さらには(たとえばファームウェア更新や、もしかするとサーバー上へのアプリケーションのインストールによって)根本的に新しいセットへ入れ替えたりすることさえ、いつでも自由にできるのだ。したがって、クライアントが以前検索したハンドルの有効性を信頼できる(いつの間にかサーバー上で変更されてしまい、有効でなくなってしまうことのない)ために、一定のルールと制約が必要とされる。

一般的なルールとして、規格ではクライアントが関心のあるアトリビュートのハンドルをキャッシュ(つまり、それ以降のトランザクションやコネクションのために保存)することを推奨している。アトリビュート値は、特にそれが実際のユーザーデータと対応している場合には非常に変動性が高いため、将来使うためにクライアントでローカルに保存しても意味がないことが多い。

規格では、アトリビュート情報の内容が変更される可能性がある場合、サーバーがクライアントにそれを通知するためのService Changed特性(082ページの「GATTサービス」でさらに詳しく説明する)が提供されている。これはオプションの特性であるため、これがサーバー上に存在するということ自体が、現実にアトリビュートの構造が変化する可能性があることを警告していることになる。

クライアントは、以下の条件に注目することによって、将来使用するために検索の結果をキャッシュしておけるかどうかを確認できる。

- **サーバー上にService Changed特性が存在しない**
 クライアントは何の制約もなく、見つかったすべてのハンドルを自由に、恒久的にキャッシュすることができる。サーバーは、デバイスの寿命にわたって、これらが変更されないことを保証している。

- サーバー上に Service Changed 特性が存在する

  この場合、クライアントは Service Changed 特性内の対応する CCCD (068ページの「特性ディスクリプタ」を参照)へ書き込むことによって、サーバー主導更新をサブスクライブする必要がある。これによってサーバーは、構造的な変化が生じた場合、クライアントへ警告できるようになる。クライアントとサーバーが052ページの「セキュリティモードと手順」で説明したようにボンディングされている場合、クライアントはコネクションにわたってアトリビュートハンドルをキャッシュして、これらが同一のままであると期待することができる。デバイスがボンディングされていない場合には、クライアントがサーバーへ再コネクションするたびに検索を行う必要がある。

082ページの「GATT サービス」では、Service Changed 特性の使い方についてさらに詳しく説明している。

アドバタイズパケット中の GATT アトリビュートデータ

GATT はセントラルとペリフェラル(040ページの「役割」で説明したように)との間に確立されたコネクションを主に利用するが、サーバーのホストするアトリビュート情報の一部をアドバタイズパケットに含めて、スキャンしている任意のオブザーバーやセントラルに1つ以上のサーバーアトリビュートを提供することもできる。

表3-3では Service Data AD Type について説明したが、そのセクションではアドバタイズパケットにサーバーアトリビュートを含めるために使われるフォーマットについては説明していなかった。「規格に採用された文書」のページ(https://www.bluetooth.org/ja-jp/specification/adopted-specifications)のコア仕様補完(CSS)では、特定サービスのデータをスキャナへ提供するために、GATT サーバーがアドバタイズパケットのペイロードに挿入しなくてはならないフィールドを規定している。

表4-7に示すように、サービスデータをブロードキャストするためには、GATT サーバーはアドバタイズパケットの Service Data セクションに2つのフィールドを含めなくてはならない。

フィールド	バイト長	説明
UUID	2、4、または16	データを特定する実際のUUID
Service Data	可変長	UUIDによって特定されるサービスと関連付けられたデータ

表4-7 Service Data AD Type

Service Data フィールドの内容は、対応するサービス中の特定の特性やディスクリプタの値全体、またはその一部に対応する。どちらを規定するかは、各プロファイルの仕様に任されている。情報のどの部分がブロードキャストに最もふさわしいか判断できるほどデータに関して十分情報を持っているのは、プロファイルだけだからだ。

機能

　GATT機能(feature)とは、GATTベースのデータのやり取りを行うために厳密に定義された手順のことだ。これはすべて、ATTが提供するさまざまな操作(030ページの「ATT操作」で紹介した)に基づいている。

　この章で列挙した機能の大部分は、ほとんどのGATT APIにおいて何らかの形で公開されている。GATTサーバーAPIは、実際のサーバーにアトリビュートを追加する能力を提供するものだが、これは非常に実装依存であり、この章で扱う範囲を超えてしまう。

MTU交換

　この簡潔な2パケットの手順によって、バッファーに保持できる(つまり受信可能な)最大転送単位(MTU、実効最大パケット長)を、各ATTピアが相手に知らせることができる。

　この手順は、クライアントかサーバーのどちらか(またはその両方)が、デフォルトのATT_MTUである23バイト(028ページの「論理リンク制御およびアダプテーションプロトコル(L2CAP)」を参照)よりも長いMTUを取り扱い可能で、規格に要求されるデフォルト値よりも長いパケットが送信できることを他端に知らせたい場合にのみ利用される。その後L2CAPは、この大きなパケットを小さなリンク層パケットへフラグメント化し、また小さいリンク層パケットから大きなパケットを再結合する。

サービスと特性の検索

　この章のどこかですでに述べたように、クライアントがGATTサーバーへ最初にコネクションを張ったときには、GATTサーバー中に存在するかもしれないアトリビュートについて何の知識も持っていない。したがって、クライアントは最初に一連のパケットのやり取りを行って、関心のあるすべてのアトリビュートの量と場所、そして性質を知ることが必要だ。074ページの「アトリビュートのキャッシュ」で述べたように、ここで説明する手順は、その後スキップできる場合もある。

　プライマリサービス検索(primary service discovery)について、GATTでは以下の2つのオプションが提供されている。

- **すべてのプライマリサービスを検索(Discover all primary services)**
  この機能を用いると、クライアントは(サービスUUIDに関わらず)すべてのプライマリサービスの**完全なリスト**をリモートサーバーから取得できる。これは通常、複数のサービスをサポートしているクライアントがサーバー側のサービスのサポート状況をすべて知りたい場合に用いられる。要求を発行する際にクライアントはハンドル範囲を指定できるが、この機能を実行するクライアントはハンドル範囲として0x0001-0xFFFFを設定して、サーバーのアトリビュートの全範囲をカバーしなくてはならない。

- **サービスUUIDによってプライマリサービスを検索**
  （Discover primary service by service UUID）
  見つけたいサービスがクライアントにわかっている場合（通常はクライアント自身でサポートしているサービスが1つだけの場合）、この機能を使って特定のサービスの**すべてのインスタンス**を単純に見つけ出すことができる。この場合にも、ハンドル範囲は0x0001-0xFFFFに設定することが必要だ。

これらの手順はどちらも、各サービスに属するアトリビュートに対応するハンドル範囲を返す。**すべてのプライマリサービスを検索**の場合には、個別のサービスのUUIDも得られる。

クライアントがサーバー上のサービスを見つけ出したら、次に以下の機能を使って**関連性検索**（relationship discovery、インクルードされるサービスの検索）を行うことができる。

- **インクルードされるサービスを検索**（Find included services）
  これによってクライアントはサーバーに、あるサービスにインクルードされるサービスがあるかどうか問い合わせることができる。この問い合わせに提供されるハンドル範囲は、その前にサービス検索を用いて取得された既存サービスの境界を示す。サービス検索と同様に、クライアントはハンドル範囲のセットと、該当する場合にはUUIDも受け取る。

特性検索（characteristic discovery）について、GATTでは以下のオプションが提供されている。

- **サービスのすべての特性を検索**（Discover all characteristics of a service）
  クライアントが関心のあるサービスのハンドル範囲を取得した後、次にその特性の**完全なリスト**を取得することができる。唯一の入力はハンドル範囲であり、それに対してサーバーは、そのサービス内に含まれるすべての特性宣言アトリビュート（066ページの「特性宣言アトリビュート」を参照）のハンドルと値の両方を返す。

- **UUIDによって特性を検索**（Discover characteristics by UUID）
  この手順は先ほどのものと同様だが、クライアントが目的とする特定の特性UUIDにマッチしない応答をすべて破棄する点が異なる。

目的とする特性の（ハンドルに関する）境界が確定した後で、クライアントは**特性ディスクリプタ検索**を行うことができる。

- **すべての特性ディスクリプタを検索**（Discover all characteristic descriptors）
  サービス中の特性の一部またはすべてのハンドル範囲とUUIDを手に入れたクライアントは、この機能を使って特定の特性内のすべてのディスクリプタを取得することができる。サーバーは、さまざまなディスクリプタ宣言（068ページの「特性ディスクリプタ」を参照）に対応するUUIDとハンドルのペアをリストにして返す。

このセクションのすべての機能は、オープンなセキュアでないコネクション上で行うことができる。検索は、何の制約もなくすべてのクライアントに許されているからだ。

特性とディスクリプタの読み出し

特性値またはディスクリプタの現在の値を取得する際、クライアントには以下の選択肢がある。

- **特性値またはディスクリプタの読み出し**
  （Read characteristic value or descriptor）
  この機能は、特性値またはディスクリプタの内容を、そのハンドルを用いて単純に読み出すために使われる。内容の最初のATT_MTU－1バイトのみを読み出すことができる。これが応答パケットに収まるバイト数の最大値だからだ（1バイトはATT操作コードのために予約されている）。

- **長い特性値またはディスクリプタの読み出し**
  （Read long characteristic value or descriptor）
  先ほどの機能で読み出すには値が長すぎる場合、特性値またはディスクリプタの内容を連続するかたまりとして読み出すために、この機能はハンドルのほかにオフセットを含めて要求を行う。読み出されるアトリビュート値の長さに応じて、複数回の要求／応答ペアが必要となる。

さらに、特性値については以下の機能が利用できる。

- **特性UUIDを用いた特性値の読み出し**
  （Read characteristic value using characteristic UUID）
  クライアントが関心のある特性の具体的なハンドルを知らない場合でも、特定のタイプのすべての特性の値を読み出すことができる。クライアントは単純にハンドル範囲とUUIDを提供し、その範囲に含まれる特性の値の配列を受け取る。

- **複数特性値の読み出し**（Read multiple characteristic values）
  逆に、クライアントが値を取得したい特性値のセットのハンドルをすでに知っている場合には、このハンドルのセットとともに要求を送信し、すべての対応する特性の値を受け取ることができる。

特性とディスクリプタの読み出しはセキュリティパーミッションにしたがって行われる。コネクションのセキュリティレベルが確立された要件にマッチしない場合（081ページの「セキュリティ」を参照）、サーバーは読み出しを拒否する。

特性とディスクリプタの書き込み

特性値またはディスクリプタへ値を書き込む際、クライアントには以下の選択肢がある。

- **特性値またはディスクリプタの書き込み**
 (Write characteristic value or descriptor)
 この機能は、特性値またはディスクリプタへの書き込みに用いられる。クライアントはハンドルと値の内容(ATT_MTU－3バイトまで、ハンドルとATT操作コードがデータの他にパケットに含まれるため)を提供し、サーバーは応答によって書き込み操作をアクノリッジする。

- **長い特性値またはディスクリプタの書き込み**
 (Write long characteristic value or descriptor)
 長い特性値またはディスクリプタの読み出しと同様に、クライアントはATT_MTU－3バイトよりも長いデータをサーバーの特性値またはディスクリプタへ書き込むことができる。これは、それぞれオフセットとデータそのものを含む数個の**書き込み準備**操作をキューイングし、そして最後に**書き込み実行**操作ですべてをアトミックに書き込むことによって行われる。

さらに、特性値については以下の機能が利用できる。

- **応答なしの書き込み**(Write without response)
 この機能は通知(080ページの「サーバー主導更新」で詳しく説明する)と反対の働きをするもので、書き込みコマンドパケットを利用する。書き込みコマンドは、ハンドルと値を含むアクノリッジされないパケットで、フロー制御メカニズムの介入なしに(もちろん、すべてのトラフィックはリンク層ネイティブのフロー制御にしたがうので、これについては例外だ)、任意の量だけ任意の時点で送信できる。サーバーは、このパケットを処理できない場合やアトリビュートのパーミッションのため受け付けられない場合には、これを無言で勝手に廃棄してよい。廃棄されたことはクライアントにはわからないが、このことは相互に合意されている。値が書き込まれたかどうかをクライアントが知るには、事後にそれを読み出してみるしかない。

- **高信頼書き込み**(Reliable writes)
 複数特性値の読み出しと同様に、クライアントが複数の特性値への書き込み操作をキューイングしたい場合、ペンディングになっている書き込み操作を最後のパケットでコミットし、実行することができる。

特性値またはディスクリプタの書き込みはセキュリティパーミッションにしたがって行われる。コネクションのセキュリティレベルが確立された要件にマッチしない場合（081ページの「セキュリティ」を参照）、サーバーは書き込みを拒否する。

サーバー主導更新

サーバー主導更新（**Server-initiated updates**）は、サーバーからクライアントへ非同期的に（つまり、クライアントの要求に対する応答としてではなく）送信され得る唯一のパケットだ。このような更新によって、クライアントが定期的にポーリングしていなくても特性値に変更があったという警告をタイムリーに送信できるので、電力と帯域幅の両方を節約することができる。

サーバー主導更新には2種類ある。

- **特性値通知**（**Characteristic Value Notification**）
  通知（**Notification**）は、特性値アトリビュートのハンドルと、その現在の値とを含むパケットだ。これを受信したクライアントはそれに基づいた行動を起こすことができるが、受領確認のアクノリッジをサーバーへ返すことはない。**応答なしの書き込み**以外では、これがATTの標準的な要求／応答フロー制御メカニズムにしたがわない唯一のパケットで、サーバーはこの通知を任意の時点で任意の数だけ送信することができる。この機能は**ハンドル値通知**（**HVN**）ATTパケットを利用する。

- **特性値通告**（**Characteristic Value Indication**）
  これに対して**通告**（**Indication**）は、同一のハンドル／値フォーマットにしたがうが、クライアントからの明示的なアクノリッジを**確認**（**confirmation**）の形で必要とする。サーバーは、（このフローは通常の要求／応答ペアとは反対の向きのため）クライアントから確認を受信するまでは（別の特性についても）、さらに通告を送信することはできないが、確認待ちの間にもクライアントはそれと関係なく要求を送信できることには注意してほしい。この機能は**ハンドル値通告**（**HVI**）と**ハンドル値確認**（**HVC**）ATTパケットを利用する。

どちらの種類のサーバー主導更新も、クライアントが対応するCCCDに書き込むことによって有効とされるまで、サーバーがこれらの送信を開始することはできない。069ページの「クライアント特性構成ディスクリプタ」では、このプロセスを詳細に解説している。

セキュリティ

052ページの「セキュリティモードと手順」では、セキュリティ・マネージャとGAPの中で利用できるさまざまな手段を利用して、GAP認証手順を用いて1つのセキュリティモードからより高いセキュアなモードへ移行する方法を説明した。GATTトランザクションは、そのような認証手順のトリガーとなり得る。060ページの「パーミッション」で説明したように、GATTサーバー内の各アトリビュートには読み書き両方について粒度の細かい独立したパーミッションが付属し、またこれらのパーミッションはATTレベルで適用される。

一般的に言って、**宣言**（declarations）であるアトリビュートには、アクセスに特別なセキュリティは要求されない。これはサービス宣言と特性宣言の両方について真であるが、ディスクリプタ宣言には**当てはまらない**。ディスクリプタ宣言は、（別個のアトリビュートの中ではなく）それ自身に直接重要なデータが含まれる可能性があるためだ。こうなっている理由は、サーバーとまだペアリングやボンディングしていないクライアントでも、セキュリティ手順なしで少なくとも基本的なサービスと特性の検索はできるようにするためだ。サーバー上のアトリビュートのレイアウトやデータ階層構造は機密性のある情報とはみなされないため、すべてのクライアントが自由に入手できる。

しかし、特性値やディスクリプタ宣言へアクセスする（**サービス要求**（service request）とも呼ばれる）際には、クライアントは**エラー応答**ATTパケット（030ページの「ATT操作」を参照）を受け取る可能性がある。これは、コネクションのその時点でのセキュリティレベルが十分に高くないので、要求が実行できないことを示している。よくこの目的に使われ、エラー応答パケットに見られるのが下記の2つのエラーコードだ。

- **不十分な認証**（Insufficient Authentication）
  リンクが暗号化されておらず、サーバーがそのリンクを暗号化するために利用できる長期鍵（LTK、035ページの「セキュリティ暗号鍵」で最初に説明した）を持っていないこと、またはリンクは実際に暗号化されているが、暗号化手順を実行するために用いられるLTKが認証されていない（中間者攻撃に対する保護なしに生成された、050ページの「認証」を参照）一方で、パーミッションでは認証済みの暗号化が要求されていることを示す。

- **不十分な暗号化**（Insufficient Encryption）
  リンクは暗号化されていないが、適切なLTKが利用可能であることを示す。

GAPとGATTの役割は、どんな意味でも無関係で、自由に混ぜ合わせたり組み合わせたりできるが、セキュリティ手順は常にGAPセントラルによって開始される（032ページの「セキュリティ・マネージャ（SM）」を参照）。したがって、ピアのどちらがセントラルでどちらがペリフェラルとして動作するのかに応じて、コネクションのセキュリティレベルを上げるためのペアリングやボンディング、あるいは暗号化手順を開始するのはGATTクライアントのこともあれば、GATTサーバーのこともある。セキュリティレベルがアトリビュートのパーミッションによって要求されるものと一致すれば、クライアントは再度要求を送信し、サーバーに実行してもらうことができる。

GATT サービス

　GAPにはすべてのデバイスに義務付けられる独自のサービスがSIGによって規定されている（056ページの「GAPサービス」で解説した）ように、GATTにもすべてのGATTサーバーに含まれなくてはならない（1個までの特性を含む）独自のサービスが存在する。オプションの **Service Changed** 特性（074ページの「アトリビュートのキャッシュ」で簡潔に説明した）は、読み出すことも書き込むこともできず、その値は**特性値通告**によってのみクライアントへ通知される。

　表4-8に示すように、この値はハンドル範囲のみからなり、これがサーバー内アトリビュートの特定の領域を指定する。これは、構造変化の影響を受けたため、クライアントによって再検索される必要のある領域だ。キャッシュされたアトリビュートは無効となっているため、クライアントはこの領域内のサービスや特性の検索を行わなくてはならない。

ハンドル	タイプ	パーミッション	値	値の長さ
0xNNNN	UUID service changed	なし	影響を受けたハンドルの範囲	4

表4-8　Service Changed特性値

　クライアントは、何よりも先にこの特性に対応するCCCDの通告を有効にして、サーバーのアトリビュート構造の変化に気付けるようにしなくてはならない。

　サーバーがアトリビュートのレイアウトに構造的な変化をこうむった場合、サーバーは直ちにハンドル値通告をクライアントへ送信し、それに対応する確認を待ち受ける。こうすることによって、その範囲のキャッシュされたアトリビュートハンドルが無効になったかもしれないとクライアントに確実に気付かせることができる。ボンディングされたデバイスのコネクションの寿命外でアトリビュートの変更が生じた場合、サーバーはコネクションが設定された直後に通告を送信して、クライアントが影響を受けた範囲を再検索できるようにする。

5 ハードウェアプラットフォーム
Hardware Platfoms

商品化を意識したBLE対応製品向けユースケースでは、**セントラル**デバイス（携帯電話やタブレット、パーソナルコンピュータなど）ではなく、**ペリフェラル**を製品として設計し、対話することがほとんどだろう。そのため、この章ではBLEペリフェラルを設計し、試作するための開発プラットフォームをいくつか、かいつまんで紹介する。

この章での議論は、組み込みシステムのデザインについての基本的な知識（10章）を前提としており、また製品に適した廉価で入手容易なプラットフォームを製品開発者に紹介することを主な目標としている。

nRF51822-EK (Nordic Semiconductors)

Nordic Semiconductorsは長年にわたって低電力ワイヤレスソリューションに注力しており、またBluetooth SIGのボードメンバーとして、コアBLE標準の定義と具体化に初期から参加してきた。同社はワイヤレス市場では汎用無線（RF）シリコンソリューションが広く知られており、また手ごろな価格のBLEペリフェラルモードシリコン（nRF8001）を市場へ投入した最初の企業の1社でもある。最新のnRF51ファミリは、モダンな32ビットARMマイクロプロセッサと無線を1チップに組み込み、それまでの数多くのシングルチップRF製品から完全に再設計されたものだ。

技術的仕様

NordicのnRF51シリーズは、BLEに準拠した無線とモダンなARMプロセッサを1個のローコストなパッケージに収めた、以下を特徴とする高度に集積化されたシステム・オン・チップだ。

- 16MHzで動作するARM Cortex-M0コア
- 128または256KBのフラッシュメモリ（80〜90KBがS110 BLEスタックに必要）
- 16KBのSRAM（S110 BLEスタックを利用するアプリケーションには8KBが利用可能）

完全に**フラッシュベース**のデバイスであることが、製品設計者にとって重要なnRF51822の差別化要因だ。つまり、書き換え可能なフラッシュメモリにBLEスタックが書き込まれているため、必ずしも新しいリビジョンのシリコンを必要とせず、コアスペックの進化に追随してアップデートすることができる。

この選択の短所としては、ROMベースのソリューションと比較して、デバイスごとの製造コストが多少上乗せされるという点がある。しかしBluetoothコア規格が速いペースで発展していることを考えれば、このギャンブルは長い目で見て利益をもたらすだろう。これによってNordicは、低コストのROMベースのチップを選択した他のシリコンベンダーよりも、すばやく最新スペックをサポートした製品を市場へ投入できる可能性があるからだ。

SoftDeviceアーキテクチャ

Nordicは（独自の2.4GHzプロトコルやANT+などBLE以外の標準に利用することも可能な）チップ上にBLEサポートを実装するために、同社が**SoftDevice**(SD)と呼んでいるものを利用している。SoftDeviceは、基本的にフラッシュメモリの最下位に位置するブラックボックスで、BLEスタックやペリフェラル役割のサポートなどの機能を実装する。ユーザー（アプリケーション）コードはフラッシュメモリの上位に位置し、この低レベルSoftDeviceを適宜呼び出す。

大部分のBLE製品はS110 SoftDeviceを利用している。これはペリフェラルのみのソリューションだ。デバイスアーキテクチャには**セントラル**役割をサポートするS120 SoftDeviceも含まれているが、BLEではそのユースケースはペリフェラルほどよく使われないため、このセクションでの議論はS110に的を絞ることにする。

NordicのSoftDevice設計アプローチには、長所と短所がある。長所としては、別個に検証済みで高信頼なBLEスタックをSoftDeviceの形で持つことによって、ファームウェア技術者がアプリケーションレベルのコードにより多くのエネルギーをつぎ込めることが挙げられる。最も低レベルの詳細（セキュリティの実装、メッセージ検証など）はSoftDeviceに任せて、GAP（3章）やGATT（4章）など高レベルの概念を小規模なAPIで取り扱うことができる。

またSoftDeviceによって、ファームウェア開発者は無線構成（これは大部分のRF製品でファームウェア開発プロセスの大きな部分を占める）から開放される。無線の詳細をブラックボックスにしてしまうことによって、ファームウェア技術者は低レベルでのミスを犯さずにすみ、また製品の検証プロセスを大幅に簡略化できる。低レベルのBLEコードは、Bluetoothコア規格にしたがって機能することが保証されているからだ。

SoftDeviceアプローチのもう1つの利点は、1つのハードウェア設計で複数の無線プロトコルやユースケースがサポートできることだ。カスタムプロトコルを設計することもできる。これによって、企業は複数の類似した社内製品を1つのPCBデザインに基づいて製造できるため、コストを引き下げられる可能性がある。

最後に、SoftDeviceのアーキテクチャはアプリケーション開発者にとってもわずらわしいものではない。アプリケーションとは独立に動作し、またライブラリとリンクする必要もな

いため、SDの更新とアプリケーションの更新は依存関係がなく、独立して実行できる。ちょうどLinuxのカーネルとユーザー空間ライブラリが互いに影響を与える心配なく独立して更新できるようなものだ。

短所としては、SoftDeviceが資源を要求するため、その分アプリケーションで利用できる分が減ってしまうことが挙げられる。S110 SoftDeviceにはフラッシュの最下位80KBとSRAMの8KBが割り当てられるため、アプリケーションが使えるのはフラッシュ176KBとSRAM 8KBだ（256KBバージョンのnRF51822を利用すると仮定した場合）。

また、高レベルのコードがSoftDeviceへの呼び出し（これはARMコアへのソフトウェア割り込みによって達成される）を行う必要があるため、SoftDeviceデザインは遅延とアーキテクチャ的な制限をもたらす。

大規模なエンジニアリングのタスクが皆そうであるように、SoftDeviceの数多くの利点は多少の犠牲を必要とする。これらは主に、タイミングと厳密なリアルタイム要件に関するものだ。

nRF51822-EKの使い方

nRF51822の評価に関心がある人が、最初に手掛けるのに最も適したプラットフォームがNordicのnRF51822-EKだ。図5-1に示すように、この評価キットにはPCA10001（左側）とPCA10000（右側）という、2つの開発ボードが含まれている。

図5-1 Nordic SemiconductorのnRF51822-EK

PCA10000は主にデバッグ用途に利用される小さなUSBドングルで、NordicのMaster Control PanelによるセントラルデバイスのシミュレーションやWiresharkへデータをプッシュするスニファとして使うこと（両方とも7章で説明する）ができる。しかしこのボードは、それ自身で十分な機能を持つ開発ボードでもあり、Segger J-Linkが組み込まれているため、さまざまな開発ツールを使ってファームウェアのプログラミングとデバッグが可能だ。

大きいほうのPCA10001が、このキットのメイン開発ボードだ。nRF51822で利用可能なすべてのピンの信号を取り出せるので、I2CやSPI経由でセンサーや周辺機器を接続したり、UART経由で他のデバイスと通信したりすることもできる。このボードにもボード上にJ-Linkが組み込まれていてMCUのプログラムとデバッグができ、また多少の追加回路で消費電力を測定できるので、試作とデバッグが容易となる。UART出力はオプションとして、たとえばUSB経由で出力することもできるので、デバッグメッセージを見たり、単純なコマンドをMCUへ送り返したりすることも簡単だ。また、CR2032電池ホルダーも装備しているので、コイン型電池でボードの電力を供給することもできる。

プログラム例とツールチェイン

Nordicはこの開発キット用に数多くのプログラム例を提供している（このパラグラフの後の注記で述べるように、まずキットを登録する必要がある）ため、動作するとわかっているものからはじめたい場合には手っ取り早い。デモコードの大部分はKeil社のuVision（http://www.keil.com/uvision/）を利用している（IARツールチェインが第2のオプションだ）。これは32KBよりも小規模のプロジェクトでの非商用利用に関しては、ARMからフリーで入手可能だ（32KBの制限はSoftDevice以外のアプリケーションコードにのみ適用されるため、実際にはかなり広い範囲のプロジェクトが対象となるはずだ）。

　このチップセットの最新のデモコードと開発ツールにアクセスするためには、Nordic Semiconductorのウェブサイト（http://www.nordicsemi.com/）上でMyPagesアカウントを作成し、nRF51822-EKのシリアル番号を登録する必要がある。

　GNUベースのツールについても多少のサポート資料とサンプルプロジェクトが入手できるが、GNU（とEclipse）のサポートは、Keil uVisionほど手厚くない。しかし、現時点でWindowsに頼らずにGNU/LinuxやMac OS X上で完全なアプリケーションが開発できることは、特筆に値する。

　オープンソースのオプションを提供するために、この本のGitHubリポジトリ（https://github.com/microbuilder/IntroToBLE）に基本的なコードベースも収録してある。このコードはフリーに入手可能なGNUツールチェインに基づいていて、Makefileやスタートアップコード、そしてオンボードのJ-Linkデバッガを用いてフラッシュをプログラムするための基本的なツールが含まれている。

CC2541DK-MINI (Texas Instruments)

　低電力RFの分野で長い歴史を持つもう1つの会社、Texas Instrumentsもペリフェラル市場を狙ったBLEシステム・オン・チップ（SoC）を数多く設計している。また同社は、ペリフェラルBLEソリューションを市場へ送り出した最初の会社である。
　CC2541には、以下の機能が組み込まれている。

- 8051コアと2.4GHz 無線
- 128または256KBのユーザープログラム可能なフラッシュメモリ
- 8KBのSRAM

　一部のライバル企業に対するTIの最大の強みは、BLEスタックが完全な機能を持ち、本質的にBluetoothコア規格のバージョン4.0全体をカバーしていることだ。あまり使われていない一部のオプション機能を実装していないベンダーもあるが、TIは機能的なカバレージを高めようとする意識的な努力を行ってきた。
　またCC2541は、SoCにUSBサポートが追加されCC2540ともピン互換だ。このため、このチップファミリを使った設計は、最小限の追加設計で寿命を延ばせる可能性がある。USB接続によってデスクトップやラップトップのPCへ接続されるペリフェラルへ、設計を簡単に移行することができるからだ。
　TIは設計とテストを真剣にとらえており、TIのRFチップファミリには長い設計の系譜がある。上手に設計された無線を使って製造された信頼性の高いチップには、それに付随してハードウェア設計者とファームウェア技術者の両方へ向けた大量の設計資料が提供されている。このことは、RFや組み込みファームウェアの設計に関する専門技術をあまり社内に持たない小規模な企業にとっては、重要な考慮事項となるだろう。
　CC2541の大きな弱点の1つはSoCの頭脳に比較的古風な8051コアが使われていることで、高価な商用コンパイラとIDEを使う必要がある（IAR Embedded Workbench http://www.iar.com/Products/IAR-Embedded-Workbench/8051/）だけでなく、他の多くのSoCに使われているモダンなARM Cortex-Mと比較した場合、どうも古臭く感じられる。この状況は近い将来、変化することだろう。より新しいコアへ移行せよという大きなプレッシャーをSoCベンダーは感じており、TIがそのトレンドに気付いていることは間違いないからだ。この会社がそれに答えてどの方向へ踏み出すのか、興味深い。
　TIのCC254xファミリには数多くの開発キットが提供されているが、ペリフェラル設計者が開発プラットフォームとSoCを徹底的に評価するには、低コストのCC2541DK-MINI（図5-2）プラットフォームが適切だろう。
　このキットには、ハードウェアデバッガ、PC上でBLEマスターデバイスとして動作可能なUSBドングル、そしてカスタムBLEコードが動作可能なキーホルダー型開発ボードなど、CC2541を使い始めるために必要なハードウェアがすべて含まれている。

この開発キットの魅力の1つは、実際の製品に非常によく似ていることだ。射出成型されたケースには、初期の開発やデバッグプロセスにリアルなフィードバックを提供してくれる2つの大きな物理ボタンもついている。製品開発の初期段階でこのようなディテールは見過ごされがちだが、BLEデバイスを現実世界で使うためのアイデアが得られるかもしれない（到達範囲など、一部の特性はデバイス設計ごとに違うのはもちろんだが）。

図5-2　Texas InstrumentsのCC2541DK-MINI開発キット

　低電力デバイスは単に手の中に持つだけでも信号が減衰することが多く、ラップトップから数フィートしか離れていない、障害物のない状態でデスクの上に置かれたむき出しのPCBとは、大きく異なる経験が得られる。また、ケースに入った電池駆動のデバイスを作業机から持ち出して、ケースに入れた状態で別のものや人にくっつけてみるなど、現実世界でさまざまなことを試すのも簡単だ。小さなディテールであっても、開発プロセスの早い段階で開発キットを机上から持ち出すことによって時間を節約し、不意打ちを食らわずに済む可能性がある。

　この開発キットの発注方法を含めた詳しい情報については、Texas Instrumentsのウェブサイト上のCC2541製品ページ（http://www.ti.com/tool/cc2541dk-mini）を見てほしい。

その他のハードウェアプラットフォームとモジュール

　自分でRFデバイスと回路基板を作り上げるつもりでなければ、**モジュール**がもう1つの選択肢となる。モジュールの重要な利点の1つは、FCCやCE/ETSIなどの規制団体から意図的放射器（intentional emitters）として事前認定を受けているのが普通であり、またBluetooth SIGなどのプロトコル策定団体によって規定されたテストプログラムをパス

する可能性も高いことだ。FCCやCEの認定には製品当たり1万ドルもの費用が掛かることも珍しくないため、比較的低ボリュームで製造される製品にはモジュールが魅力的なオプションとなる。

モジュールを使うもう1つの利点は、RF設計が終わっていることだ。カスタムなRFハードウェア設計には、専門的な知識とツール、そしてテストが必要とされる。アンテナやRFフロントエンドを製品に合わせて適切に設計することは簡単な仕事ではなく、また設計がまずいと製品の到達範囲や効率性に影響する。モジュールメーカーは通常、適切に設計され、チューニングされたRFフロントエンドとアンテナや共通コネクタを提供することによって、この問題を解決している。製品にコネクタがあれば、外部アンテナを簡単に追加できるし、伝送線路（無線機から、または無線機へエネルギーを伝送する金属パターン）のインピーダンスマッチングについて思い悩む必要もない。

もう1つの利点として、一部のモジュール（たとえば、このセクションで後ほど説明するBluegigaモジュールやLairdモジュール）には高レベル開発スクリプト言語が付属しているため、開発期間が大幅に短縮でき、NordicのnRF51822-EK用のKeil's uVision（083ページの「nRF51822-EK (Nordic Semiconductors)」）やTexas InstrumentsのCC2541MINI-DK用のIAR（087ページの「CC2541DK-MINI (Texas Instruments)」）など、低レベルのプログラミング環境の使いづらさを多少は回避できる可能性がある。コードの開発に必要なのは、テキストエディタだけだ。

もちろんモジュールを使う利点には、それなりの対価が伴う。モジュールの1ユニット当たりの価格は、個別の集積回路（nRF51822やCC2541）を使って自分でハードウェアを設計した場合よりも、かなり高額になる。モジュールメーカーは、設計や検証や認定の費用を複数の製品に割り振ることによって、低ボリューム製品単体では達成できないような価格を実現しているが、どこかの地点（たぶん10,000ユニット以上）で、自分でハードウェアを設計し検証するほうが費用対効果が高くなるはずだ。

このセクションでは、執筆時点で利用可能な3種類のBLEモジュールを紹介する。

LairdのBL600モジュール

LairdのBL600モジュール（http://www.lairdtech.com/Products/Embedded-Wireless-Solutions/Bluetooth-Radio-Modules/BL600-Series/）は、Nordic SemiconductorのnRF51822（083ページの「nRF51822-EK(Nordic Semiconductors)」）をベースとしている。nRF51822そのものに含まれる機能すべてに加えて、これらのモジュールではイベントドリブンのsmartBASICプログラミング言語が追加されているため、高価な商用IDEやコンパイラの学習や投資、あるいはCやC++といった低レベル言語でのプログラミングを必要とせず、簡単に基本的なアプリケーションを作ることができる。

標準のCのコードとNordicのnRF51822用SDKやツールキットを使ってモジュールを直接プログラミングすることも自由にできるが、新しいプロトコルスタックや技術を詳しく学ぶ必要がないため、最低限の開発投資で製品にワイヤレスリンクを追加したいだけ、といったシンプルなユースケースにはsmartBASICのほうが便利かもしれない。

このモジュールはCE/ETSI（ヨーロッパ）、FCC（米国）、Industry Canada、日本、そしてNCC（台湾）などの規制に基づく認証と、Bluetooth SIGの認証を取得しており、数多くの主要な部品販売店からオンラインで購入できる。

BluegigaのBLE112/BLE113モジュール

BluegigaのBLE112（https://www.bluegiga.com/en-US/products/bluetooth-4.0-modules/ble112-bluetooth--smart-module/）とBLE113（https://www.bluegiga.com/en-US/products/bluetooth-4.0-modules/ble113-bluetooth--smart-module/）モジュールは、Texas InstrumentsのCC2540/CC2541（087ページの「CC2541DK-MINI（Texas Instruments）」）をベースとしている。これらのモジュールではBGScriptという、シンプルなXMLファイルを利用して一定の種類のアプリケーションがプログラムできる機能がサポートされている。またBluegigaは、外部MCUがUART経由でこれらのモジュールと通信して制御できるC言語のAPIも提供している。

BLE112とBLE113の主な違いは、より新しいBLE113モジュールのほうがわずかに消費電力が低く、またハードウェアによるI2Cサポートが追加されているため、さまざまな低コストのセンサー（温度センサー、加速度センサー、ジャイロスコープ、圧力センサーなど）と通信できる点にある。

このモジュールはCE/ETSI（ヨーロッパ）、FCC（米国）、Industry Canada、日本、そして韓国などの規制に基づく認証を取得しており、大部分の主要な部品販売店（Digikey、Mouser、Farnellなど）から購入できる。

RFDuino

RFDuino（http://www.rfduino.com/product/rfd22301-rfduino-ble-smt/）は、有名なArduino IDEと開発プラットフォームを使ってBLEデバイスを作り上げることが可能な、小型のBLEモジュールだ。Arduinoになじみのある人にとっては、最初のプロトタイプを作り上げて動作させるまでの学習曲線が大幅に低くできるので、RFDuinoがBLEの実験への入り口として最適だろう。

このモジュールはCE/ETSI（ヨーロッパ）、FCC（米国）、Industry Canadaなどの規制に基づく認証を取得しており、MouserやArrowなど、いくつかの主要な部品販売店から購入できる。

6 デバッグツール
Debugging Tools

この章では、Bluetooth Low Energyのデバッグと開発に役立つツールをいくつか紹介する。これには、ワイヤレスプロトコルアナライザ、別名**スニファ**（sniffer、無線プロトコルをスニッフ［嗅ぎまわる］し、キャプチャされたデータをUIで表示し分析する）などのハードウェアツールや、デバッグプロセス中にBLEペリフェラルと直接インタラクションするためのツールも含まれる。

小規模なベンチャー企業やBLEを使い始めたばかりのエンジニアと開発者にも役立つように、この章では何千ドルもするハイエンド製品ではなく、安価なツールに的を絞って説明する。

PCA10000 USBドングルと Master Control Panel

PCA10000は、Nordic SemiconductorのnRF51822-EKシステム・オン・チップ（SoC）の低コスト評価キットnRF51822-EK（085ページの「nRF51822-EKの使い方」）に含まれるUSBドングルだ。このキットは、独自のBLEペリフェラルを設計しようとする組み込みハードウェアエンジニア向けに設計されているが、モバイルアプリケーションしか開発しないつもりの人でも、このキットを購入する価値はあるかもしれない。その理由は、比較的控えめな値段で、非常に役立つデバッグツールが数多く手に入るからだ。

これらのツールの1つがMaster Control Panel（MCP）であり、これはPCA10000 USBドングルでBLEセントラルデバイスのシミュレーションを可能にしてくれるWindowsベースのユーティリティだ。使いやすいインタフェースで、到達範囲内にあるBLEペリフェラルから入手できるデータを見たり、あるいはコネクションを張ったペリフェラルにデータを送信したりすることができる。このツールはBluetooth Low Energyをネイティブにサポートしていない Windows 7では、特に有効だ（BLEサポートは Windows 8で導入されたが、このオペレーティングシステムにはこのツールに相当するテストやデバッグのためのアプリケーションは含まれていない）。

Nordicでは、追加ハードウェアを必要とせずに同じの機能の一部を提供するAndroid用のMaster Control Panelアプリケーションも提供しているが、本書の執筆時点では、PCA10000を利用したスタンドアロンツールのほうが、はるかに多くのコマンドをサポートしている。

既存ペリフェラル向けのアプリケーションを作成する場合には、MCPを使ってBLEアクセサリを簡単にリバースエンジニアリングし、個別のデータ構造や構成設定を表示して、判明したサービスUUIDや特性UUIDを使って自分のモバイルアプリケーションからアクセスすることもできる。

MCPがPCA10000と通信するには、ツールのインストーラーに含まれる特別なファームウェアイメージを使う必要がある。NordicのnRFGo Studio（これも086ページの「プログラム例とツールチェイン」の注記にしたがって、nRF51822-EKを登録した後Nordicのウェブサイトから入手できる）を使えば、このファームウェアイメージを使ってUSBドングルを更新できる。

PCA10000が適切なファームウェアで更新できたら、MCPを開いてペリフェラルとのインタラクションが可能になる。使いやすいUIから通常のセントラルデバイスのほとんどどんな機能でも実行が可能だ。これにはボンディング、コネクションのオープンやクローズ、GATT特性の読み出しや書き込みなどが含まれる。

図6-1に、自分自身をアドバタイズしている1台のペリフェラルについて実行例を示す。

ペリフェラルとコネクションしてサービス検索要求を送信すれば、そのデバイス上で利用可能なサービスと特性のリストを見ることができ（図6-2に示すように）、通常のBLEセントラルデバイスとまったく同様にこれらを読み書きすることもできる。

値を更新するには、適切な特性を選択してValueテキストボックス内で値を変更し、それから「Send update」をクリックすればよい。また任意の特性の最新の値を取得するには、それを選択してReadボタンをクリックすればよい。これは、通知や通告がまだ有効になっていない特性の値をチェックする際に便利だ。

図6-1 アドバタイズデータ表示中のMaster Control Panel

　MCPは、ハードウェア開発プロセスの初期には非常に価値のあるツールだ。その時点では、まだBLEペリフェラルと通信できるモバイルアプリケーションが存在しないかもしれない。Master Control Panelは、アプリケーションが行うほとんどすべてのアクションをシミュレートし、発着信両方のデータについて通信を検証できる。

　MCPには、提供するあらゆる機能を自動化できるC#ライブラリも付属しており、これを使ってアプリケーション開発者はシンプルだが完備したセントラルAPIのセットへアクセスするデスクトップやコマンドラインのアプリケーションを作成できる。これは、レグレッションテストや製品テストの自動化には非常に便利な機能だ。

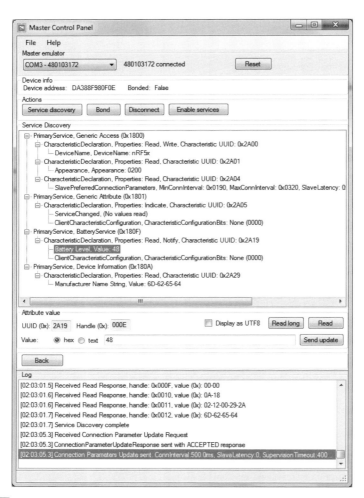

図6-2 サービスと特性のデータを表示中のMaster Control Panel

PCA10000 USBドングルとWireshark

BLEペリフェラルとのインタラクションがとても簡単にできるMaster Control Panel（091ページの「PCA10000 USBドングルとMaster Control Panel」）だが、ユースケースによってはもっと低いレベルでBLEデータへのアクセスが必要となる場合もある。このような場合のために、NordicではPCA10000またはPCA10001（両方ともnRF51822-EK開発キットに含まれる）用のカスタムファームウェアイメージとツールも提供している。これを使えば、1台のペリフェラルデバイスからのトラフィックを**スニフ**（sniff）し、そのデータをWireshark（https://www.wireshark.org/）へプッシュすることができるのだ。

Wiresharkはデータキャプチャと解析を行う成熟した強力なオープンソースのツールで、簡単にデータをパケットやバイトのレベルまで可視化できる。NordicのWiresharkプラグイン（図6-3に示す）は、Nordicのサポートサイト（http://www.nordicsemi.com/）でnRF51822-EK開発キットを登録すれば入手でき、nRF51822-EKボードを使ってキャプチャされたデータを取り込んで、生のデータの理解に役立つ説明を付け加えてくれる。

図6-3 Nordic SemiconductorのPCA10000とWiresharkプラグインを使った表示

既存のBLEペリフェラルと通信するアプリケーションの設計だけに関心があるのなら、このレベルまで詳しい情報が必要となることは少ないだろう。しかし、独自のペリフェラルを設計するハードウェア設計者やファームウェア技術者がコードを書いたり特定のレイテンシやスループットの問題をデバッグしたりするためには、これが非常に役立つはずだ。

CC2540 USBドングルとSmartRFスニファ

Texas Instrumentsは、CC254xファミリICの開発エコシステムの一部としてCC2540EMK-USB（図6-4）を設計した。これは低コストのCC2540ベースのUSBドングルで、フリーのSmartRFソフトウェア（図6-5）と組み合わせることによって、BLEスニファとして使える。この組み合わせでは、無線経由で発信されるすべてのBLEデータを可能な限り低いレベルで確認することが可能だ。

図6-4　CC2540EMK-USB

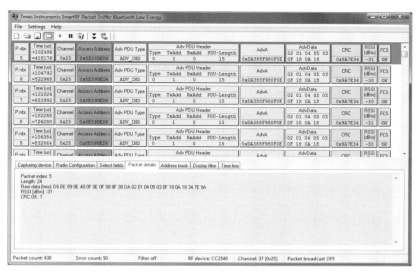

図6-5 Texas InstrumentsのSmartRFスニファアプリケーション

　これはPCA10000とWiresharkの組み合わせ（095ページの「PCA10000 USBドングルとWireshark」）と同様の機能を実現するが、提供されるUIは異なっていて、状況によってはこちらのほうが使いやすい場合もあるだろう。また地域によっては、このキットのほうが入手しやすいかもしれない。

SmartRFからWiresharkへのコンバーター

　データ分析ツールとしてはWireshark（095ページの「PCA10000 USBドングルとWireshark」）のほうが好みだが、使えるのはCC2540 USBドングル（096ページの「CC2540 USBドングルとSmartRFスニファ」）だけという場合には、smartRFtoPcap（https://github.com/mikeryan/smartRFtoPcap）が便利だろう。これはフリーに入手できるツールで、保存されたSmartRFのデータをWiresharkが理解できるファイルフォーマットへ変換してくれる。

　PCA10000とNordicのWiresharkプラグインとの組み合わせのように、ライブなデータをWiresharkにストリームすることはできないが、それでもWiresharkにはロギングされたデータをフィルタしたり検索したりするためのユーティリティが多数含まれているため、以前キャプチャしたファイルを変換できるのは便利かもしれない。

097

Bluezのhcitoolとgatttool

　Linuxワークステーションを使っている場合には、hcitoolとgatttoolという、BluezのBluetooth Stackに含まれる2つの便利なユーティリティを利用して、コマンドラインからBLEデバイスとのインタラクションが可能だ。

 専用のLinuxワークステーションが利用できない場合でも、BluezはRaspberry PiやBeagleBone Blackなどの安価なLinuxデバイスで問題なく動作するため、これらを非常に便利でポータブルなBLEデバッグツールとして使うことができる。

---

　hcitoolは、サポートされているBLE 4.0 USBドングルを使って到達範囲内にあるBLEデバイスをスキャンしたり、コネクションを確立したり、あるいはBLEデバイスをシミュレートするために使える。到達範囲内にあるBLEデバイスをスキャンするには、以下のコマンドを実行すればよい（USBドングルがhci0として認識されていると仮定）。

```
sudo hcitool -i hci0 lescan
```

　デバイスのアドレスがわかっていれば（それ以前のスキャンコマンドで取得できていれば）、以下のコマンドを使ってそのペリフェラルへのコネクションが確立できる（ペリフェラルのアドレスが6C:60:B3:6E:7C:B1であると仮定）。

```
sudo hcitool lecc 6C:60:B3:6E:7C:B1
```

　gatttoolは、たとえばデバイス上の特性の読み書きなど、GATTサービスのインタラクションを行うために使える。
　このようにコマンドラインから操作できるため、繰り返される操作やテストケースを簡単にスクリプト化し、複数のハードウェアデバイス上で一貫した信頼性のある形で同一のテストを実行するために使うことができる。

7 アプリケーション設計ツール
Application Design Tools

この章では、モバイルアプリケーションの開発に便利なツールを紹介する。一般的なモバイルオペレーティングシステム向けに提供されているコードテンプレートや、物理BLEデバイスをシミュレートできる安価なハードウェアプラットフォーム(アプリ開発の初期段階でハードウェアが存在しない場合に便利だ)、そしてアプリケーションのデバッグや開発に役立つ純粋なソフトウェアベースのツールなどが含まれる。

Bluetooth Application Accelerator

Bluetooth Low Energyは、特に携帯電話やタブレットなどのモバイルコンピューティング分野を最も重視しているが、従来のデスクトップやラップトップのコンピュータにも、特にマウスやキーボードなどの**ヒューマンインタフェースデバイス(HID)**の分野で採用されている。このためBluetooth SIGは、Bluetooth Application Acceleratorを導入して、アプリケーション設計者がBluetooth Low Energyを容易に採用できるようにしている。

Application Acceleratorは基本的には一連のソフトウェアテンプレートで、iOSやAndroid、そしてWindows RT 8.1プラットフォーム上で比較的苦労せずに基本的なBLEアプリケーションの作成ができるようにしてくれる。また、コネクションを確立する方法やGATTサービスや特性の取り扱い方を示す簡単なサンプルコードも付属する。

特定のプラットフォームに関する多少の知識が要求されるのはもちろんだが、このテンプレートを使えば、ターゲットとするペリフェラルデバイスとのインタラクションに必要なBLE特有の約束事を比較的容易にマスターできるだろう。このプログラムに登録は必要だが、費用はかからない。詳しくは、Bluetooth Developer Portal(https://developer.bluetooth.org/Pages/bluetooth-smart-developers.aspx)を参照してほしい。

SensorTag

ほとんどの人は Texas Instruments（TI）といえばハードウェア設計を連想するだろうが、TI は BLE 開発エコシステムの一環として、SensorTag（図7-1）という名前の興味深い低コスト BLE 開発ツールをリリースしている。これが、モバイルアプリケーションの開発には非常に役立つのだ。

図7-1 Texas Instruments の SensorTag BLE デバイス

大部分の BLE ユースケースではモバイルアプリケーションは全体像の半分でしかなく、通常はアプリケーションと対になるハードウェアが必要となる。しかしハードウェアは開発プロセスの初期段階では存在しないかもしれないし、また単純にモバイルプラットフォーム上の BLE API の使い方を学びたい場合、話し相手となるデバイスをどこから調達すればよいかわからないこともあるだろう。

この問題を解決してくれるのが SensorTag だ。比較的安価で発注しやすいデバイスだが、実にさまざまなセンサーが搭載されていて、さらにこれらのセンサーと対話する方法を示す iOS と Android 両方のサンプルアプリも付属している。

電池で駆動されるこの Bluetooth Low Energy SensorTag プラットフォームには、以下のセンサーが含まれている。

- 温度センサー
- 湿度センサー
- 圧力センサー

- 加速度計
- ジャイロスコープ
- 磁力計

このさまざまなセンサーを組み合わせることによって、データを収集してリッチなユーザーとのインタラクションを行うユニークなアプリケーションの可能性が大きく広がる。加速度計と磁力計を組み合わせれば十分に正確な3軸回転データが収集できるし、圧力センサーはデバイスの上下動に伴う高度の変化を測定できる。

アプリケーション開発者にとって最も重要なのは、SensorTagプラットフォームを利用すれば最小限の努力で本物のハードウェアと対話して本物のセンサーデータが取得できるということだ。ペリフェラルの設計方法自体を学ぶ必要はないし、プロジェクトのハードウェア担当者から動作するハードウェアが出てくるのを待たずにアプリの開発が進められる。

詳細について、あるいはデバイスを発注する方法については、TIのSensorTag製品ページ(http://www.ti.com/tool/cc2541dk-sensor)を見てほしい。

iOS用のLightBlue

自分でBLEハードウェアを設計することに興味があるわけではないが、すでに市場に出回っているBLEペリフェラルと対話したいとは思っているモバイルアプリケーション開発者は多いかもしれない。

もちろん6章で述べたデバッグツールの中にはアプリ設計者にも役立つものもあるが、最近のiOSデバイスであれば、Punch Through Designが開発したLightBlueという非常に便利なツールが使える。このフリーのアプリケーションはApp Storeで入手でき(https://itunes.apple.com/us/app/lightblue-bluetooth-low-energy/id557428110?mt=8)、これを使ってiPhoneやiPadからどんなBLEペリフェラルもリバースエンジニアリングできるし、あるいはエミュレートすることさえ可能だ。

LightBlueを使えば、デバイスが公開しているサービスや特性とのインタラクション、たとえば個別の値の読み書きなどが行える。また、LightBlueを使って既存のBLEペリフェラルのユニークなシグネチャを**キャプチャ**しておき、そのシグネチャを後でプレイバックしつつ開発を行うという、いつも手元にあるわけではないデバイスを実質的にエミュレーションする使い方もできる。

あるデバイスがどのようにふるまうかはわかっているが、実際のハードウェアはまだ入手できないような場合にも、そのペリフェラルのふりをするプロファイルを作成し、図7-2に示すように、将来入手できるハードウェアとまったく同じようにふるまうデバイスを作り上げることができる。

LightBlueのOS X用のバージョンもAppleのApp Storeから入手できるが、本書の執筆時点ではiOSバージョンのほうが多くの機能を提供しているようだ。

　またアプリケーション開発者はBLEペリフェラルの開発時、対応するiOSやAndroidアプリケーションが完成する前にもLightBlueを利用できる。セントラルとペリフェラルとの間の無線インタラクションをシミュレートできるので、まだセントラル上で開発されたカスタムアプリケーションがなくても、ペリフェラルのファームウェアがデバッグできる。

図7-2 LightBlueで、別のLightBlueのインスタンス上でシミュレートされたBLEデバイスを表示しているところ

Android用のnRF Master Control Panel

　Bluetooth Low Energyをサポートするデバイス上でAndroid 4.3以上が動作していれば、NordicのMaster Control PanelのAndroidバージョンを使って、使いやすいUIで既存のBLEハードウェアのデバッグやリバースエンジニアリング、あるいはインタラクションが可能だ。

このフリーのツールはGoogleのPlay Storeでダウンロードでき(https://play.google.com/store/apps/details?id=no.nordicsemi.android.mcp)、近くにあるBLEペリフェラル上に存在する任意のサービスや特性のUUIDを探したり、その特性から送信される通知をサブスクライブしたり、あるいはペリフェラルに値を書き込んだりすることが、LightBlue(101ページの「iOSのLightBlue」を参照)やPCベースのMaster Control Panel(091ページの「PCA10000 USBドングルとMaster Control Panel」を参照)と同じようにできる。

図7-3に、心拍数モニターサービスの例を示す。ここでは身体センサー位置(Body Sensor Location)と心拍数測定値(Heart Rate Measurement)の両方が見えている。

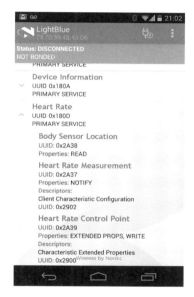

図7-3 心拍数モニターサービスを表示中のnRF Master Control Panel

Nordic SemiconductorのMaster Control Panelアプリやその他のAndroidアプリケーションについての詳しい情報は、同社のサポートページ(https://www.nordicsemi.com/Products/nRFready-Demo-APPS)から入手できる。

103

8 Androidのプログラミング
Android Programming

　Bluetooth Low Energyのようなワイヤレス標準を利用する主な利点の1つは、さまざまなスマートフォンやタブレットをサポートしていることにある。このため、安価なハードウェアでリッチなインタフェースを持つ組み込みハードウェアプロジェクトが設計でき、新たなインタラクションの世界が開ける。

　インタフェース以外にも、インターネットという大海へのゲートウェイとして、あるいは他のアプリやAPIと組み合わせて制作した組み込みハードウェアとのマッシュアップを作り出すために、携帯電話を使うことができる。これによって、安価でありながらリッチな機能を提供する、まったく新しい種類のデバイスが可能となる。

　この章では、Androidオペレーティングシステム上でBluetooth Low Energyを実装するために必要なハードウェア、ソフトウェア、そしてプロセスのあらましを述べる。

開発環境の準備

　この章で開発するサンプルAndroidプロジェクトは、Texas Instruments（TI）の製造する低コストのSensorTag（100ページの「SensorTag」）とインタフェースするものだ。SensorTagは数多くのセンサーを搭載しているため、処理され可視化される大量の情報を供給できる複雑なセンサーデバイスの絶好の例でもある。

　AndroidのGUI部分は多少複雑であり、概してこの本の対象範囲を外れるため、この章ではSensorTagからデータを抽出し、それをBluetooth Low Energy経由で受信するところまでに的を絞る。ここまでできれば、データを表示する方法については入手可能な数多くの他のリソースを参考にすればよい。

ハードウェアを入手する

　ハードウェアについては、Androidバージョン4.3以降が動作するAndroidデバイスが必要となる。AndroidがBLEをサポートし始めたのは4.3以降だが、筆者は少なくともバージョン4.4が動作するデバイスをお勧めする。バージョン4.4ではBLEプロトコルスタックが更新され、また安定性も向上しているからだ。また、ハードウェアがBluetooth Low Energyをサポートしていることも確認する必要がある。このプロジェクト例では、Google Nexus 7とAndroid 4.4の組み合わせを使用する。

お持ちのデバイスが BLE をサポートしているかどうか確認するには、Bluetooth の Smart Devices List（http://www.bluetooth.com/Pages/Bluetooth-Smart-Devices-List.aspx）を参照してほしい。

　また、このプロジェクトでペリフェラルデバイスの役割を果たす TI の SensorTag を入手する必要もある。SensorTag デバイスについて詳しい情報は、100 ページの「SensorTag」を参照してほしい。

ソフトウェアを入手する

このプロジェクトには、3つの主要なソフトウェアが必要となる。

- **Eclipse Android Development Tools（ADT）**
  Android Developer サイト（http://developer.android.com/tools/index.html）で入手できる。
- **Bluetooth Application Accelerator**
  Bluetooth SIG のウェブサイト（https://developer.bluetooth.org/Pages/bluetooth-smart-developers.aspx）で入手できる。
- **TI SensorTag Android アプリのソースコード**
  TI のウェブサイト（http://www.ti.com/tool/sensortag-sw）で入手できる。

　これらを設定する上で、最も重要で最も時間がかかるのは Android Development Tools のインストールだ。[*1] これには Eclipse IDE の使い方について、多少の知識も要求される。たぶん Android Developer サイト（http://developer.android.com/tools/index.html）にある詳細な指示に従って作業環境を設定するのが最善の策だろう。また最新の SDK [*2] と、Android Development Tools への更新[*3] もダウンロードする必要がある。

[*1] 訳注：Android ADT 自体は日本語化されていないが、Eclipse IDE は Pleiades プラグイン（http://mergedoc.sourceforge.jp/）をインストールすることによって日本語化できる。
[*2] 訳注：Eclipse ADT のツールバーから SDK Manager を起動する。
[*3] 訳注：[ヘルプ（Help）]→[更新の確認（Check for Updates）]を選択する。

ハードウェアを構成する

　Androidデバイスを開発用デバイスとして使えるようにするには、多少の構成作業が必要だ。まず、開発者モードがまだ有効化されていない場合には、有効にする必要がある。「設定（Settings）」メニューを一番下までスクロールし、［タブレット情報（About）］を選択する。「タブレット情報（About）」画面（図8-1に示す）で、「ビルド番号（Build number）」をすばやく7回連続してタップすると、開発者モードがオンになる。

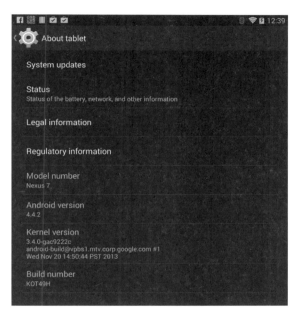

図8-1　About画面で開発者モードを有効にする

　そうすると、「設定」メニューに新しく「開発者向けオプション（Developer options）」が表示されるはずだ。ここで、図8-2に示すように「USBデバッグ（USB debugging）」と「スリープモードにしない（Stay awake）」を有効にする必要がある。

107

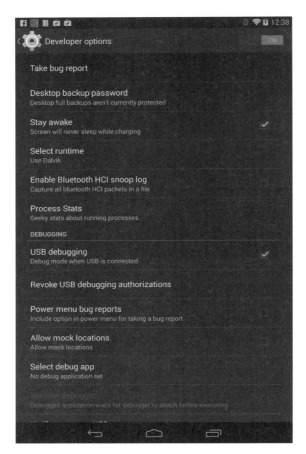

図8-2　「開発者向けオプション(Developer options)」画面で「USBデバッグ(USB debugging)」と「スリープモードにしない(Stay awake)」オプションを有効にする

　最後に、[設定(Settings)]メニューで[ストレージ(Storage)]を表示してメニューアイコンから「USBでパソコンに接続(USB computer connection)」を選択し、(図8-3に示すように)「カメラ(Camera)」オプションを有効にして、ファイル転送ができるようにしておく。

図8-3 ファイルを転送するためにAndroidをカメラとして構成する

これは直観に反するようだが、開発ツールを動作させるにはデバイスをカメラモードにしておくことが必要なのだ。

新規プロジェクトを開始する

新しいアプリケーションの開発を始めるには、まずBluetooth Application AcceleratorのAndroidファイルをプロジェクトへインポートする必要がある。Eclipse ADTを開き、[ファイル(File)]→[インポート(Import)]を選択し、[一般(General)]→[既存プロジェクトをワークスペースへ(Existing Projects into Workspace)]を選択する。[次へ(Next)]をクリックし、[ルート・ディレクトリーの選択(Select root directory)]の右側にある「参照(Browse)」ボタンをクリックする。Application Acceleratorのあるディレクトリへ移動し、そして「Android/BLEDemo」フォルダを選択する。「完了(Finish)」を押すと、プロジェクトがワークスペースへインポートされる。

この時点で、Application Acceleratorのファイルを一通り眺めてコードのレイアウトを確認しておくのがよいだろう。まったくなじみがなくても、心配はいらない。いずれ後ほど、Application AcceleratorからBLEライブラリの主要なクラスファイルを自分のプロジェクトへコピーすることになる。

次に、自分自身のAndroidプロジェクトを作成しよう。Eclipseの中で、[ファイル(File)]→[新規(New)]→[Androidアプリケーション・プロジェクト(Android Application Project)]へ移動する。「アプリケーション名(Application Name)」はBleSensorTagとしておこう。「最小必須SDK(Minimum Required SDK)」には、Android 4.3を指定する。これがBluetooth Low EnergyをサポートするAndroidのミニマムバージョンだからだ。「ターゲットSDK(Target SDK)」と「次でコンパイル(Compile With)」には、デバイスのサポートするAndroidの最新バージョンを指定する。「次へ(Next)」を何度かクリックし、その後表示されるウィンドウについてはデフォルトを受け入れる。最後

109

に「完了(Finish)」をクリックすれば、プロジェクトウィザードが BleSensorTag という名前の新しい Android プロジェクトを作成してくれるはずだ。

図8-4に示すように(ここではプロジェクトのディレクトリ構造が左側に、メインのコードウィンドウが右側に表示されている)、Android プロジェクトには数多くのフォルダやファイルが含まれるが、実際に作業するのはほんの数個だ。メインのソースコードファイルは src ディレクトリに置かれている。

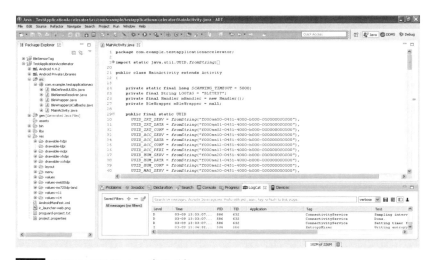

図8-4 Eclipse のメイン Java ウィンドウ

各プロジェクトには AndroidManifest.xml という名前のマニフェストも含まれていて、これがアプリケーションに関する基本的な情報を Android システムへ教えてくれる。Android は、システム上のどのコードを実行するにもこの情報を必要とする。これ以外にも、res には使用するレイアウトやメニューを制御する XML ファイルが含まれるので、このフォルダでも作業することになる。

 Android のプログラミングはそれ自体が膨大な話題であり、Bluetooth Low Energy を Android アプリへ組み込むという文脈に的を絞ったこの章の範囲をはるかに超えるものだ。複雑な GUI アプリケーションに関しては、他の Android プログラミングのテキストを参照することをお勧めする。

実際にコーディングを始める前に、Androidマニフェスト内でBLUETOOTHとBLUETOOTH_ADMINパーミッションを有効にしておく必要がある。ファイルAndroidManifest.xmlをダブルクリックし、(図8-5に示すように)「許可(Permissions)」タブを選択する。[追加…(Add…)]→[Uses Permission]を選択し、「名前(Name)」フィールドにandroid.permission.BLUETOOTHと入力する。同様にもう1つの「Uses Permission」を、今度はandroid.permission.BLUETOOTH_ADMINという名前で追加する。これら2つのエントリーは、アプリケーションがインストールされた際に、これらの名前のサービスへアクセスする許可をユーザーに要求する。

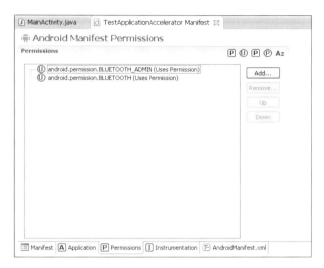

図8-5　Androidマニフェストのパーミッションウィンドウ

　次に、Bluetooth Application Acceleratorからプロジェクトへ、クラスファイルをコピーする必要がある。こうしてクラスやメソッドを使えるようにしておけば、BLEのプログラミングははるかに容易となる。以下のファイルを選択してコピーしよう。

- BleWrapper.java
- BleWrapperUiCallbacks.java
- BleNamesResolver.java
- BleDefinedUUIDs.java

これらのファイルをBleSensorTagプロジェクトのsrcディレクトリへペーストする(または、そのディレクトリへドラッグ・アンド・ドロップする)。これらのファイルを追加すると、srcディレクトリは図8-6のようになるはずだ。

図8-6 Eclipse ADTのsrcディレクトリ

BleWrapperが、Bluetooth SIGによって発行されたApplication Acceleratorライブラリの中心部だ。これはBluetooth Low Energyライブラリを簡単に使うためのラッパーで、複雑な処理の多くを行ってくれるため、とてもシンプルにライブラリへアクセスし、利用できるようになる。

これで、プロジェクトの事前準備は完了だ。プロジェクトを作成し、マニフェストを構成し、クラスライブラリをインストールし終わった。いよいよAndroidコードの中身に取り掛かろう。

BLEライブラリの初期化

さあ、現実の実装を進めて行こう。最初のコード例は(プログラムのGUIへは深入りせずにプログラミングのBLEの側面を重視するため)、Bluetooth Low Energyから受信した情報をプリントアウトすることを主眼とする。その後GUI機能を追加すれば、BLEデータをさまざまな方法で提示できるはずだ。

何よりも先に、インポートしたBleWrapperライブラリのインスタンスを作成する必要がある。これはBluetooth SIGのBluetooth Application Acceleratorライブラリのファイルだ[*4]。

```
public class MainActivity extends Activity {

    // BLEラッパーをインスタンス化するために、この行を追加する
    private BleWrapper mBleWrapper = null;

    @Override
    protected void onCreate(Bundle savedInstanceState) {
        super.onCreate(savedInstanceState);
        setContentView(R.layout.activity_main);
    }
}
```

　このファイルに追加した行には、BleWrapperクラスのインスタンスが代入されることになる。これにはまた、基盤となるAndroid BLEライブラリへアクセスするために使うメソッドも含まれることになる。さらにコンストラクタには、Android BLEライブラリからのイベントを処理することが必要となった場合、さまざまなコールバックを追加することになる。

　先ほどのコード断片の中で、onCreate()という名前の関数が自動的に作成されていたことに注目してほしい。この関数は、アプリケーションが最初に起動した際に呼び出されるため、起動時に1度だけ初期化が必要な初期化処理のために使う。これには、デバイスがスリープしたりコンテキストを失ったりした後で復帰した際に再初期化される必要のないメンバーが含まれる。

　Androidの文書には「アクティビティ・ライフサイクル」の概要が説明されている。これはアプリがその「一生」のさまざまな段階で呼び出されるメソッドを述べたものだ。たとえばアプリが起動した際にはonCreate()、onStart()、そしてonResume()という3つのライフサイクル・メソッドが呼び出される。アプリのクラス内の変数の初期化は、1度だけ行われるものについてはonCreate()の中で、またデバイスがスリープしたりコンテキストを失ったりした場合に再初期化が必要なものについてはonResume()の中で行われる。

　文書ではこのアクティビティ・サイクルについて多くの情報が提供されているが、これが知っておくべき重要なコンセプトだ。初期化ルーチンの一部はonCreate()の中で、また一部はonResume()の中で行うことになる。また、シャットダウン時にクリーンアップを行う必要があれば、onPause()かonStop()の中で行われることになる[*5]。

　onCreate()メソッドの中には、プロジェクトウィザードによって作成されたボイラープレート(定型処理)コードがあるはずだ。その下に、BleWrapperオブジェクトの初期化やその他の初期タスクを行うコードを追加して行こう。

---

*4 訳注:これ以降はMainActivity.javaの内容をどう書き換えるかの説明。
*5 訳注:Understand the Lifecycle Callbacks (http://developer.android.com/training/basics/activity-lifecycle/starting.html#lifecycle-states)を見ればわかるようにonStop()はonStart()と対応するもので複数回呼び出される可能性があるため、1度だけ必要なクリーンアップ処理はonDestroy()の中で行うことになる。

```
@Override
protected void onCreate(Bundle savedInstanceState)
{
    super.onCreate(savedInstanceState);
    setContentView(R.layout.activity_main);

    mBleWrapper = new BleWrapper(this, new BleWrapperUiCallbacks.Null()
    {
    });

    if (mBleWrapper.checkBleHardwareAvailable() == false)
    {
        Toast.makeText(this, "No BLE-compatible hardware detected",
                        Toast.LENGTH_SHORT).show();
        finish();
    }
}
```

　上記のコードは、コンストラクタを呼び出して新しいBleWrapperオブジェクトをインスタンス化し、このオブジェクトを(それまでnullだった)mBleWrapperメンバー変数に代入する。ラッパーをインスタンス化する際には、コンストラクタへの引数としてBLEコールバックを追加する必要もある。ここに、BLEスタックで発生する通知イベントを処理するコードを追加して行くことになる。

　ソフトウェアのプログラミングでは、関数への引数として渡される実行可能コードへの参照であって、何らかの処理を行った後にその関数がコールバックされる(呼び戻される)ことが期待されるものを**コールバック**という。ここではコンストラクタにコールバックを追加していないが、後で追加して行くことになる。

　コンストラクタの後で、このコードはBLEハードウェアがシステムから利用できることを確認するチェックを行っている。利用できない場合には、「トースト(Toast)」と呼ばれるメッセージウィンドウがポップアップしてユーザーにBLEハードウェアが見つからないことを通知して、アプリをシャットダウンする。

　これで、アプリが起動した際にonCreate()メソッドの中で実行が必要なコードは完成だ。次にonResume()メソッドへ移って、起動時とスリープから復帰した際に毎回実行されるコードを見ていこう。

```
@Override
protected void onResume() {
    super.onResume();

    // リジューム時には毎回、Bluetoothがイネーブルされていることをチェックする
    if (mBleWrapper.isBtEnabled() == false)
    {
        // Bluetoothはイネーブルされていない。オンにするようユーザーに要求
        Intent enableBtIntent = new Intent(BluetoothAdapter.
                                           ACTION_REQUEST_ENABLE);
        startActivity(enableBtIntent);
        finish();
    }

    // BLEラッパーを初期化
    mBleWrapper.initialize();
}
```

Eclipseでは、これらの関数をすばやく入力するためのショートカットが提供されている。メソッド名の最初の数文字を入力してから［Ctrl］＋スペースバーを押せばよい。ポップアップするオートコンプリートのリストから関数を選べば、Eclipseが関数名を補完してくれる。

　ここでのボイラープレートコードは、一番上にあるsuper.onResume()だ。この下に、自分のコードを追加して行く。ここでは、デバイスが異なるコンテキストやスリープから復帰した際に毎回Bluetoothがイネーブルされているかどうかをチェックする必要がある。別のプログラムが使われている間にBluetoothがオフにされてしまったかもしれないからだ。この変更をとらえようとせずにBluetoothがまだオンになっていると決めつけると、ソフトウェアの不具合や例外が引き起こされるおそれがある。このような状況に対処するには、Bluetoothがオフになっていることをプログラムが検出した場合、AndroidのIntentを使って、ユーザーへBluetoothをオンにしてもらう要求を送信してからアプリを終了する。次回アプリが再起動した際にBluetoothがオンになっていれば、処理を進めることができる。

　コードがこのチェックをパスすれば、BleWrapperを初期化できる。これによってBluetoothインタフェースがオープンされ、Android Bluetoothアダプタのインスタンスが取得される。これを使って、BLEの無線とプロトコル機能へアクセスできるようになる。

　最後に、処理が必要なAndroidアプリのライフサイクル・メソッドがもう1つある。それはonPause()だ。このメソッドはコンテキストが失われた際やデバイスがスリープする際、あるいはアプリがシャットダウンされる際に呼び出される。

```
@Override
protected void onPause() {
    super.onPause();

    mBleWrapper.diconnect();
    mBleWrapper.close();
}
```

このコード例では、AndroidデバイスはGAPセントラルかつGATTクライアントとして、SensorTagデバイスはGAPペリフェラルかつGATTサーバーとして動作する(040ページの「役割」と057ページの「役割」を参照)。

ここでも、ボイラープレートのコードは一番上にある。その後、ラッパーの2つのメソッドを呼び出している。最初のメソッドでは、リモートデバイスからAndroidデバイスを「diconnect」(スペルミスではない)する。これは実際にリモートのペリフェラルデバイスからディスコネクトし、またuiDeviceDisconnected()コールバックメソッドを呼び出すことを意味する。ペリフェラルからディスコネクトした後に何か処理を行う必要があれば、uiDeviceDisconnected()コールバックをオーバーライドすればよい。最後にBleWrapperをクローズし、ローカルなGATTクライアントとセントラルを完全にクローズする。

リモートデバイスとコネクションを張る

これで初期化とクリーンアップのコードは書き終わったので、コードの本質に集中できる。BLEに関して処理が必要な主要なタスクは、リモートデバイスをスキャンしてコネクションを張り、データ通信を行い、そして必要な管理タスクやセキュリティタスクがあればそれを実行することだ。

スキャン手順を開始する際には(022ページの「アドバタイズとスキャン」を参照)、リモートデバイスから受信したあらゆるアドバタイズパケットを知らせてほしいとBLEライブラリに教えておく。デバイスが見つかったら、BleWrapperはそのデバイスに関する情報を添えてuiDeviceFound()コールバック関数を呼び出す。このデバイス情報を使って、それがコネクションを張りたいデバイスなのかどうか判断することができる。

スキャンについては、2つのボタンを作成する必要があるだろう。1つはスキャンを開始するため、もう1つはスキャンを停止するためのボタンだ。ボタンを作成するには、プロジェクトのres/menuディレクトリにあるmain.xmlファイルを編集する必要がある。このファイルをダブルクリックすると、Eclipseはメニューアイテムを追加するためのGUIインタフェースを表示してくれる。main.xmlファイルの中のメニューアイテムは、すべてOptionsメニューのボタンとなる。ここでは、StartとStopという2つのアイテムを作成する。もちろん、これらのボタンはそれぞれスキャンの開始と停止のために使われる。

Android Menu GUIの中で、[Add] → [Item] を選択し、図8-7に示すように、action_scanとaction_stopという名前を付ける。これらは、メニューボタンのクリックハンドラを書く際に使うボタンのIDとなる。メニューアイテムの「Title」フィールドには、それぞれScanとStopと入力する。これがメニューアイテムに表示されるテキストとなる。

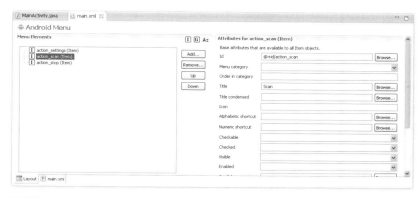

図8-7 Android ADTメニュー画面でボタンを追加する

　メニューアイテムが作成されたら、ボタンクリックイベントを処理する必要がある。デフォルトで、Androidボイラープレートのコードはmain.xml中の任意のアイテムを「Options」メニューボタンとして利用する。しかしこのボイラープレートにはクリックハンドラが含まれないので、それを追加しなくてはならない。

　EclipseでonOptionsItemSelectedとタイプして[Ctrl] ＋ スペースバーを押すと、@Overrideキーワードを含む関数名にオートコンプリートされるはずだ。これからonOptionsItemSelected()メソッドをオーバーライドして、クリックイベントの独自のハンドラを実装して行く。メニューの任意のアイテムがクリックされると、onOptionsItemSelected()メソッドが呼ばれる。このメソッドの中では、switch文を使ってどのメニューアイテムがクリックされたかに応じてイベントを処理しなくてはならない。以下のような疑似コードになるだろう。

117

```
@Override
public boolean onOptionsItemSelected(MenuItem item) {

    switch (item.getItemId())
    {
    case R.id.action_scan:
        mBleWrapper.startScanning();
        break;

    case R.id.action_stop:
        mBleWrapper.stopScanning();
        break;

    default:
        break;
    }

    return super.onOptionsItemSelected(item);
}
```

　このコードはonOptionsItemSelected()関数をオーバーライドして、独自のハンドラをインストールする。このメソッドは、「Options」メニューに関連するイベントを処理する際にのみ呼び出される。switch文の中では、クリックされたボタンのアイテムIDをもとに、どのハンドラを呼び出すかを決める。このアイテムIDは、先ほど作成したボタンのメニューアイテムIDに基づいたものだ。R.idというプリフィックスは、このAndroidプロジェクト内部のリソースディレクトリからのIDであって、その外側のAndroid名前空間のものではないことを示している。

　新しいハンドラ中の2つのアクションはスキャン手順を開始したり停止したりするので、それに対応するBleWrapperの2つのメソッドが呼び出されている。実際にはボタンの機能を実装するという作業全体の中で、スキャン手順の開始と停止は、おそらく最も簡単な部類に入るだろう。

　次のステップは、リモートデバイスが検出された際に取るアクションだ。リモートデバイスは、自分の存在とコネクションを受け入れる準備ができていることをアドバタイズしている。プログラムはスキャンモードに入った際にBLE無線のスキャンをオンにして、何らかのアドバタイズを受信したら知らせてほしいとAndroidシステムに伝えておく。Android Bluetoothライブラリは、コールバックを使ってプログラムへ情報を知らせることになる。

　コールバックを利用するためには、先ほど書いたonCreate()メソッドに戻ることになる。このメソッドの中でBleWrapperを初期化した。実はBleWrapperのコンストラクタには、コールバックのリストを提供することが期待されている。先ほどは空のリストだったが、これからコールバックの実装を始めて行こう。まずはuiDeviceFound()コールバックをオーバーライドして、スキャン中にデバイスが見つかった際にライブラリから呼び出してもらう。

```
mBleWrapper = new BleWrapper(this, new BleWrapperUiCallbacks.Null()
{
    @Override
    public void uiDeviceFound(final BluetoothDevice device,
                              final int rssi,
                              final byte[] record
                              )
    {
        String msg = "uiDeviceFound: "+device.getName()+",
                                      "+rssi+", "+record.toString();
        Toast.makeText(this, msg, Toast.LENGTH_SHORT).show();
        Log.d("DEBUG", "uiDeviceFound: " + msg);
    }
}
```

このコードは、デバイスが見つかるとToastメッセージボックスを表示する。あまり実用的ではないが、デバイスが見つかったことを通知して、そのデバイスに関する情報を表示するには簡単なやり方だ。実際のユースケースでは、見つかったデバイスをデバイスリストへ追加して表示し、クリックしてコネクションを開始できるようにするのが良いだろう。

Toastメッセージでは、アドバタイズパケットからの情報を2種類表示する。デバイス名（054ページの「アドバタイズデータのフォーマット」を参照）とRSSIだ。RSSI（受信信号強度の略）は、受信した信号の強さ（この場合には、アドバタイズパケットに含まれるすべてのビットの平均値）を示すためのものだ。場合によって、RSSIは距離の大まかな目安を知るために使われることもある。役に立つ可能性のあるもう1つの重要な情報はデバイスアドレス（これはすべてのアドバタイズパケットに含まれる）だが、ここではデバイス名だけで十分だ。

このコードは情報をToastメッセージボックスに出力するだけでなく、AndroidライブラリのLogコマンドを使ってロギングも行う。Logメッセージは、logcatツールを使うとデバッグ中のEclipse IDEに表示される（図8-8に示す）。Logコマンドを使う際には、タグも指定する。タグを使う利点はタグでフィルタリングすることによって、余分な情報が抑制できることだ。

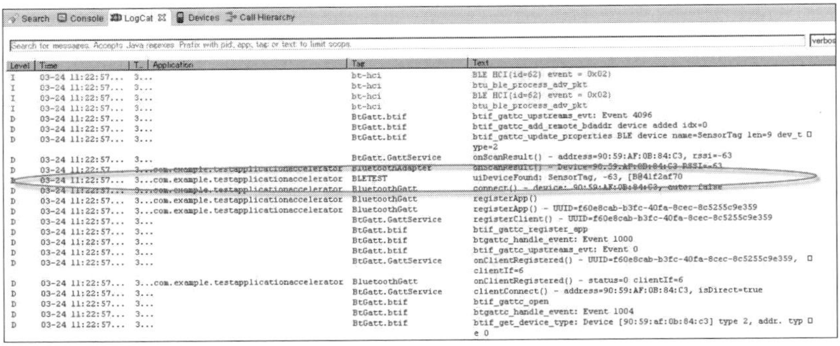

図 8-8 logcatでダンプされた情報の中で、ハイライトされたLogコマンドからのメッセージ

　これまでのコードで、アドバタイズパケットを送信しているリモートデバイスを検出できることが確かめられたはずだ。これができるようになったら、次はコネクションを張れるようにしなくてはならない。047ページの「コネクション確立手順」で説明したように、普通は検出されたデバイスをすべて保存して、リストの形でユーザーに表示する。そうしてユーザーは、コネクションしたいデバイスをクリックすることになるだろう。GUIの複雑さを避けるため、以下のような仮定をしてユースケースを少し簡略化する。

　コネクションを張りたいのはSensorTagデバイスだと仮定する。以下のコードはアドバタイズパケットのデバイス名が「SensorTag」であることをチェックして、その名前の任意のデバイスへ自動的にコネクション要求を開始する。

```
@Override
public void uiDeviceFound(final BluetoothDevice device,
                          final int rssi,
                          final byte[] record)
{
    String msg = "uiDeviceFound: "+device.getName()+", "+rssi+",
                  "+record.toString();
    Log.d("DEBUG", "uiDeviceFound: " + msg);
    if (device.getName().equals("SensorTag") == true)
    {
        bool status;
        status = mBleWrapper.connect(device.getAddress().toString());
        if (status == false)
        {
            Log.d("DEBUG", "uiDeviceFound: Connection problem");
        }
    }
}
```

このように自動的にコネクション処理を行うことによって、Android GUIの複雑さを多少は回避して、BLEライブラリに集中できる。
　先ほどのuiDeviceFound()コールバックは変更され、ポップアップメッセージボックスが削除されている。名前が「SensorTag」と等しいデバイスを見つけると、このコードはBleWrapperにそのデバイスとのコネクションを指示し、デバイスのアドレス（021ページの「Bluetoothデバイスアドレス」で説明した）を文字列フォーマットで渡す。BleWrapperはこのアドレスを使ってデバイスへユニキャストコネクション要求を送信する。その後、コネクションが成功した場合にはuiDeviceConnected()コールバックによって通知されることになる。
　このコールバックをオーバーライドして、ハンドラのコードを追加する必要がある。何らかの理由でコネクションが成功しなかった場合、メソッド呼び出しのステータスはfalseを返す。これを利用してメッセージをlogcatコンソールへロギングし、デバッグに役立てることができる。

リモートデバイスとの通信

　リモートデバイスとのコネクションに成功すると、BleWrapperは新しいデバイスのサービス検索を自動的に開始する（076ページの「サービスと特性の検索」に述べたように）。つまり、デバイスへすべてのサービスと特性を列挙するよう要求し、それをリストの形で保存することになる。
　GATTサーバーへのコネクションとサービス検索が成功すると、もう1つのコールバックが発行される。このコールバックはuiAvailableServices()で、引数の1つが**サービスリスト**であり、ここにそのリモートデバイス上で利用可能なすべてのBluetooth GATTサービスが列挙されている（サービスと特性について、詳しくは064ページの「サービス」を参照してほしい）。デバイスと通信するためには、まずサービスへアクセスし、それからサービスの中の特性へアクセスする必要がある。
　単にリストを上からたどってサービスをプリントアウトしてもよいが、これらは人間に可読なフォーマットにはなっていない。すべてのサービスは、128ビットのUUID（058ページの「UUID」を参照）によって列挙されているからだ。先ほどBluetooth Application Acceleratorからコピーしたクラスライブラリファイルには、BleNamesResolverというクラスが含まれている。このクラスには、UUIDをBLE名に解決するさまざまなメソッドがある。サービスと特性を両方とも解決できるので、このライブラリはとても役に立つ。
　既知のUUIDのリストはファイルBleDefinedUUIDs.javaに格納されており、後でこのリストに独自のサービスUUIDを追加することが必要になる。ここでは、単にサービスリストを上からたどって延々とサービスUUIDをプリントアウトするのではなく、これらを人間に可読な名前に解決して、それを（今のところはlogcatにだけ）プリントアウトすることにしよう。このコードもコールバックのオーバーライドとなるので、onCreateメソッドの中のBleWrapperコンストラクタの内部に書くことになる。

121

```
@Override
public void uiAvailableServices(BluetoothGatt gatt,
                                BluetoothDevice device,
                                List<BluetoothGattService> services
                                )
{
    for (BluetoothGattService service : services)
    {
        String serviceName = BleNamesResolver.resolveUuid
     (service.getUuid().\toString());
        Log.d("DEBUG", serviceName);
    }
}
```

このコードは、サービスリストの各要素を上から順番に見て行き、各サービスについてUUIDを文字列の値に変換して、それをBleNamesResolver.resolveUuid()メソッドへ渡す。このメソッドは既知のUUIDのリストを検索し、そのUUIDとマッチするものが見つかれば、関連付けられた人間に可読なUUID名を返してくれる。そして図8-9に示すように、その名前をEclipse IDEのlogcatへプリントアウトする。これらを直接テキストボックスへダンプして表示することも可能だが、多少複雑になる。

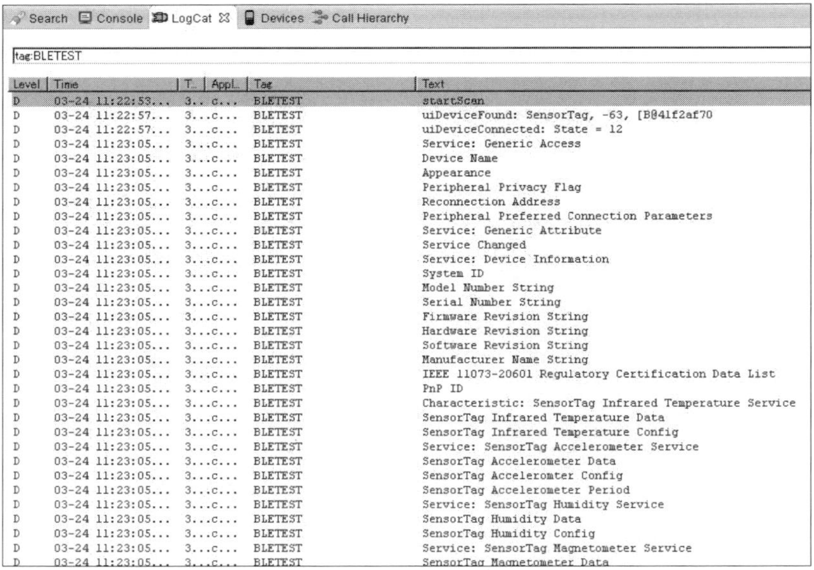

図8-9 Eclipseのlogcatでサービスと特性を表示しているところ

いくつかのUUIDが不明になっていることに気が付くかもしれない。これは通常、ベンダー固有の128bit UUIDの存在を意味しているので、適切に解決したければこれらをUUIDのリストへ追加する必要がある。この例では、TIは自社のデバイスが標準デバイスプロファイルに適合しないため、いくつかのベンダー固有サービスUUIDを使用している。UUIDアドレス空間は巨大なので、さまざまなBLEデバイスを取り扱ううちに数多くのベンダー固有UUIDを見かけることになるだろう。TIのベンダー固有UUIDをリストへ追加して、もう一度コードを走らせてみる必要がある。

これで、BLEアプリを作成して動かすまでの道のりは、だいぶ遠くまで来たことになる。リモートデバイスを検出し、コネクションを張り、そして利用できるサービスをプリントアウトするところまでは終わった。次のステップは、センサーと関連付けられた特性値（066ページの「特性」で説明した）を読み出すことだ。

センサーに属する特性にはセンサーのデータが入っているので、これらを読み出すことによってセンサーのデータが得られる。センサーからのデータが取得できれば、あとはデータのフォーマットと処理、そしてユーザーに魅力的な形で提示するという問題に帰着する。ここでは、データを取り出すことにだけ集中し、それをどう処理して提示するかはユーザーに任せることにしよう。

SensorTagを取り扱う際には、それがモバイルデバイスであることに注意しなくてはならない。低電力に設計されているため、デフォルトでセンサーの電源はオフになっている。各センサーを読み出すには、まず特性への書き込みを行ってセンサーをオンにしなくてはならない。センサーがオンになったら、そこからデータを読み出すことができる。

066ページの「特性」で説明したように、ユーザーデータに関連するすべての操作は特性を介して行われる。センサーをオンにするには、まず対応する特性を含むサービスと特性そのものを見つけ（076ページの「サービスと特性の検索」を参照）、それからその値を取得（078ページの「特性とディスクリプタの読み出し」を参照）する必要がある。次に、センサーをオンにするようにその特性値を変更し、それを079ページの「特性とディスクリプタの書き込み」で説明したようにデバイスへ書き戻す必要がある。これは、**リード・モディファイ・ライト**操作と呼ばれる。

すでにペリフェラルデバイスへはコネクションが張られ、BluetoothGattオブジェクトが利用できるようになっている。サービスを取得するには、gattオブジェクトの`getService()`というメソッドを使う。これは引数としてUUIDを取るので、適切なサービスUUIDを提供しなくてはならない。これらはすべてTI固有のUUIDだが、幸いなことにTIはSensorTagソースコードの中で、サービスと特性のUUIDの完全なリストをJavaソースのフォーマットで提供している。

この完全なUUIDのリストを自分のソースコードにコピー＆ペーストして、アプリの中で定数として使えばよいだろう。以下がその例だ。

```
private static final UUID
    UUID_IRT_SERV = fromString("f000aa00-0451-4000-b000-000000000000"),
    UUID_IRT_DATA = fromString("f000aa01-0451-4000-b000-000000000000"),
    UUID_IRT_CONF = fromString("f000aa02-0451-4000-b000-000000000000"),
    UUID_ACC_SERV = fromString("f000aa10-0451-4000-b000-000000000000"),
    UUID_ACC_DATA = fromString("f000aa11-0451-4000-b000-000000000000"),
    UUID_ACC_CONF = fromString("f000aa12-0451-4000-b000-000000000000"),
    UUID_ACC_PERI = fromString("f000aa13-0451-4000-b000-000000000000");
...
```

サービスUUIDには、SERVというサフィックスがついている。それ以外のUUIDは特性だ。これらを定義しておけば、特定のセンサーのサービスと特性へアクセスするコードを書くことができる。

リモートデバイスとの通信は、特性を読み出して値を返すような単純なことでは済まない。実際にはATTの読み出しと書き込み要求をデバイスへ送信する必要があり、そうするとGATTサーバーがその要求への応答を送信してくる（これらの概念は、030ページの「ATT操作」で詳しく説明した）。一度に取り扱えるのは1つの要求のみなので、要求を処理している間に他の要求が入ってきても、黙って捨てられてしまう。これは、一見デバイスが応答していないように思えるので、イライラの種となりかねない。

正しい操作シーケンスは、要求を送信し、そして適切なコールバックを待つことだ。たとえば特定の特性を読み出すために、リモートデバイスへ読み出し要求を送信したとしよう。デバイスが応答した後、BleWrapperはその特性の情報とともにuiNewValueForCharacteristicへのコールバックを発行する。このようにして、078ページの「特性とディスクリプタの読み出し」で説明した**特性値読み出し**GATT機能を実装していこう。

以下のコードは、加速度計の構成特性の読み出しを要求するものだ。

```
BluetoothGatt gatt;
BluetoothGattCharacteristic c;

gatt = mBleWrapper.getGatt();
c = gatt.getService(UUID_ACC_SERV).getCharacteristic(UUID_ACC_CONF);
mBleWrapper.requestCharacteristicValue(c);
```

要求が発行されると、デバイスはその特性のデータを応答する。ここでは、その特性の生の値の各バイトをlogcatにダンプすることにしよう。

```
@Override
public void uiNewValueForCharacteristic(BluetoothGatt gatt,
                                        BluetoothDevice device,
                                        BluetoothGattService service,
                                        BluetoothGattCharacteristic ch,
                                        String strValue,
                                        int intValue,
                                        byte[] rawValue,
                                        String timestamp)
{
    super.uiNewValueForCharacteristic( gatt, device, service,
                                       ch, strValue, intValue,
                                       rawValue, timestamp);
    Log.d(LOGTAG, "uiNewValueForCharacteristic");
    for (byte b:rawValue)
    {
        Log.d(LOGTAG, "Val: " + b);
    }
}
```

　読み出しや書き込みのたびに要求を行わなくてはならないことは、重要なので注意してほしい。AndroidのBLEライブラリには、特性の値を取得し設定するための関数が存在するが、これらはローカルに保存された値を操作するだけで、リモートデバイス上の操作は行わない。ほとんどの場合、どんなリモートデバイスとのインタラクションにもコールバックの利用が要求されることになる。

　センサーのデータを読み出す前に、まずセンサーをオンにする必要がある。これを行うには、センサーの構成特性へ値を書き込まなくてはならない（これはセンサーをオンにするためのベンダー固有の特性であり、**CCCDと混同してはならない**）。ほとんどの場合、この特性へ0x01を書き込めばオンにすることができる。先ほども述べたように、実際にはピアデバイスへ書き込み要求を送信し（079ページの「特性とディスクリプタの書き込み」で説明した**特性値の書き込み**、操作については030ページの「ATT操作」に列挙した）、その後コールバックを待つことになる。

　以下のコードでは、リモートデバイス上の加速度計構成特性へ0x01を書き込むことによって、加速度計をオンにしている。

```
BluetoothGattCharacteristic c;

c = gatt.getService(UUID_ACC_SERV).getCharacteristic(UUID_ACC_CONF);
mBleWrapper.writeDataToCharacteristic(c, new byte[] {0x01});
mState = ACC_ENABLE;      // コールバックの状態コンテキストを保存
```

先ほどと同じように、書き込み操作が成功したかどうかを知るにはコールバックを待つ必要がある。何かが起こることを待たなくてはならない場合には、別のスレッドかステートマシンを使うことが望ましい。別のスレッドを使えば、システムの他の部分を止めずに、コールバックを待っている間スレッドをブロックできる。ステートマシンを使えば、同じスレッドのまま、行われている操作の現在のコンテキストを追跡できる[*6]。

　書き込み操作について、Application Acceleratorは2つの便利なコールバックを用意している。

```
@Override
public void uiSuccessfulWrite( BluetoothGatt gatt,
                               BluetoothDevice device,
                               BluetoothGattService service,
                               BluetoothGattCharacteristic ch,
                               String description)
{
    BluetoothGattCharacteristic c;

    super.uiSuccessfulWrite(gatt, device, service, ch, description);
    switch (mState)
    {
    case ACC_ENABLE:
        Log.d(LOGTAG, "uiSuccessfulWrite: Successfully enabled accelerometer");
        break;
    }
}


@Override
public void uiFailedWrite( BluetoothGatt gatt,
                           BluetoothDevice device,
                           BluetoothGattService service,
                           BluetoothGattCharacteristic ch,
                           String description)
{
    super.uiFailedWrite(gatt, device, service, ch, description);

    switch (mState)
    {
    case ACC_ENABLE:
        Log.d(LOGTAG, "uiFailedWrite: Failed to enable accelerometer");
        break;
    }
}
```

*6 訳注：ここではステートマシンを使っていて、mStateがその状態を表している。

すべてのセンサーをオンにするには、基本的に1つのセンサーをオンにする方法をすべてのセンサーについて行えばよい。最初のセンサーをオンにするための書き込み操作の後、コールバックの中で別のセンサーを1つずつオンにして行く。

```java
@Override
public void uiSuccessfulWrite( BluetoothGatt gatt,
                               BluetoothDevice device,
                               BluetoothGattService service,
                               BluetoothGattCharacteristic ch,
                               String description)
{
    BluetoothGattCharacteristic c;

    super.uiSuccessfulWrite(gatt, device, service, ch, description);

    switch (mState)
    {
    case ACC_ENABLE:
        Log.d(LOGTAG, "uiSuccessfulWrite: Successfully enabled accelerometer");

        // 次のセンサーをオンにする
        c = gatt.getService(UUID_IRT_SERV).getCharacteristic(UUID_IRT_CONF);
        mBleWrapper.writeDataToCharacteristic(c, new byte[] {0x01});
        mState = IRT_ENABLE; // コールバックの状態コンテキストを保存
        break;

    case IRT_ENABLE:
        Log.d(LOGTAG, "uiSuccessfulWrite: Successfully enabled IR temp sensor");

        // 次のセンサーをオンにする
        c = gatt.getService(UUID_HUM_SERV).getCharacteristic(UUID_HUM_CONF);
        mBleWrapper.writeDataToCharacteristic(c, new byte[] {0x01});
        mState = HUM_ENABLE; // コールバックの状態コンテキストを保存
        break;

    case HUM_ENABLE:
        ....
        mState = MAG_ENABLE;
        break;
    ...
    }
}
```

センサーをオンにしたら、センサーを読み出すことが可能だ。手動でセンサーを読み出すには、読み出したい特性へ読み出し要求を発行し、その後コールバックの中で応答を待つことになる（詳しい情報については030ページの「ATT操作」と078ページの「特性とディスクリプタの読み出し」を参照）。読み出しは、ボタンの押下やタイマーによるセンサーの周期的なポーリングなどのイベントによってトリガーすることができる。ここでは、「Options」メニューに作成したテストボタンでイベントをトリガーする。このボタンのonClickメソッドが、以下の関数を呼び出して読み出し要求を行う。

```java
// 読み出し要求をスタート
private void testButton()
{
    BluetoothGatt gatt;
    BluetoothGattCharacteristic c;

    if (!mBleWrapper.isConnected()) {
        return;
    }

    Log.d(LOGTAG, "testButton: Reading acc");
    gatt = mBleWrapper.getGatt();
    c = gatt.getService(UUID_ACC_SERV).getCharacteristic(UUID_ACC_DATA);
    mBleWrapper.requestCharacteristicValue(c);
    mState = ACC_READ;
}

// このコールバック内部で読み出し応答を取得
@Override
public void uiNewValueForCharacteristic(BluetoothGatt gatt,
                                        BluetoothDevice device,
                                        BluetoothGattService service,
                                        BluetoothGattCharacteristic ch,
                                        String strValue,
                                        int intValue,
                                        byte[] rawValue,
                                        String timestamp)
{
    super.uiNewValueForCharacteristic( gatt, device, service,
                                       ch, strValue, intValue,
                                       rawValue, timestamp);

    // 現在の読み出し操作をデコード
    switch (mState)
    {
```

```
        case (ACC_READ):
            Log.d(LOGTAG, "uiNewValueForCharacteristic: Accelerometer data:");
            break;
    }

    // データバイトの配列をダンプ
    for (byte b:rawValue)
    {
        Log.d(LOGTAG, "Val: " + b);
    }
}
```

センサーのデータを取得した後にも、データを処理するためのステップがいくつか必要だ。各センサーのデータを処理するためのコードは、SensorTagのサンプルAndroidライブラリやSensorTag Online User Guide (http://processors.wiki.ti.com/index.php/SensorTag_User_Guide)で見つけられる。

加速度計の処理アルゴリズムは、先ほどのコード断片の、通常はデコーダーのACC_READステートの部分へコピー&ペーストすればよい。その他すべてのセンサーについても、同様のことが言える。

リモートセンサーのポーリングは周期的にデータを取得する1つの方法ではあるが、どちらのデバイスにとっても電力効率が良いとは言えない。リモートデバイスは読み出し要求をとらえるため常時オンになっている必要があるし、携帯電話はポーリング要求を送信するためにスリープできない。より効率的な方法は、ポーリングの代わりにデバイスから通知(080ページの「サーバー主導更新」で詳細に説明した)を送信してもらうことだ。一部のセンサーについては、通知の周期を手作業で設定することもできる。

Application Acceleratorには、通知をオンにするための特別なメソッドがある。Androidで通知をオンにするためには、まずは関心のある特定の特性について通知をローカルに許可しなくてはならない。

それができたら、069ページの「クライアント特性構成ディスクリプタ」で説明したように、デバイスのクライアント特性構成ディスクリプタ(CCCD)へ書き込むことによってピアデバイス上で通知をオンにすることも必要だ。幸いなことに、この手順は抽象化されており、両方の操作を1回のメソッド呼び出しで処理できる。

以下のコードで、テストボタンが押された際に加速度計の通知がオンになる。

```
private void testButton()
{
    BluetoothGatt gatt;
    BluetoothGattCharacteristic c;

    if (!mBleWrapper.isConnected()) {
```

```
        return;
    }

    // 特性の通知をオンにする
    Log.d(LOGTAG, "Setting notification");
    gatt = mBleWrapper.getGatt();
    c = gatt.getService(UUID_IRT_SERV).getCharacteristic(UUID_IRT_DATA);
    mBleWrapper.setNotificationForCharacteristic(c, true);
    mState = ACC_NOTIFy_ENB;
}
```

　Application Acceleratorで注意が必要な問題の1つは、Android Bluetoothライブラリで利用可能なonDescriptorWrite()コールバックが実装されていないことだ。ピアデバイス上で通知がオンにできたことを最も確実に知る方法は、CCCDが変更されGATTサーバーが書き込み操作をアクノリッジした後に、onDescriptorWrite()を受け取ることだ。この例では、BleWrapperクラスがBluetoothGattCallbackを実装するコードの中で、Application Acceleratorの実装にonDescriptorWrite()コールバックを追加している。

```
/* callbacks called for any action on particular Ble Device */
private final BluetoothGattCallback mBleCallback = new BluetoothGattCallback()
{
...

// Added by Akiba
@Override
public void onDescriptorWrite( BluetoothGatt gatt,
                               BluetoothGattDescriptor descriptor,
                               int status)
{
    String deviceName = gatt.getDevice().getName();
    String serviceName = BleNamesResolver.resolveServiceName( \
    descriptor.getCharacteristic().getService().getUuid().\
    toString().toLowerCase(Locale.getDefault()));
    String charName = BleNamesResolver.resolveCharacteristicName(\
    descriptor.getCharacteristic().getUuid().toString().\
    toLowerCase(Locale.getDefault()));
    String description = "Device: " + deviceName + " Service: " \
    + serviceName + " Characteristic: " + charName;

    // 特性への新たな値の書き込み要求に対する応答があったので、
```

```
            // 成功か失敗かを判断する
            if(status == BluetoothGatt.GATT_SUCCESS) {
                mUiCallback.uiSuccessfulWrite( mBluetoothGatt, mBluetoothDevice,
                                    mBluetoothSelectedService,
                                    descriptor.getCharacteristic(),
                                    description);
            }
            else {
                mUiCallback.uiFailedWrite( mBluetoothGatt, mBluetoothDevice,
                                    mBluetoothSelectedService,
                                    descriptor.getCharacteristic(),
                                    description + " STATUS = " + status);
            }
        };

    ...
    }
```

このonDescriptorWrite()は、通知が正しくオンにされた場合にはApplication AcceleratorのuiSuccessfulWrite()メソッドを呼び出すことになる。

すべてのセンサー特性について通知をオンにするには、センサーそのものをオンにしたのと同様に、ステートマシンを使ってシーケンシャルに1つ1つ処理すればよい。通知について気を付けてほしいのは、Android 4.4(KitKat)では、同時に4つの特性しか通知をオンにできないことだ。これは現在のAndroid BLEライブラリの実装上の制限だが、おそらく将来のバージョンでは改善されることだろう。

この章のコードの大部分は断片として提示したが、完全なソースコードはこの本のGitHubリポジトリ(https://github.com/microbuilder/IntroToBLE)から取得できる。

9 iOSのプログラミング
iOS Programming

　AppleはBluetooth 4.0の初期からのサポーターであり、その結果として、iOSを利用したBLEデバイスとアプリケーションの開発をサポートするAPIとツールの豊富なセットが存在する。ここでいうiOSデバイスは通常iPhone（iPhone 4Sとそれ以降）だが、iOSは比較的新しいiPad（iPad 3やそれ以降、iPad miniすべて）と第5世代iPod TouchデバイスのすべてでBLEをサポートしている。

　BLEはまた、iMac（2012年末以降の製造）、MacBook Pro（2012年とそれ以降）、MacBook Air（2011年とそれ以降）、そしてMac Pro（2013年とそれ以降）など、最近の世代のMacでもサポートされているが、この章ではiOS、とりわけiOS 7とそれ以降に注目する。

　iOSのプログラミングと密接に関係するBLEデバイスとアプリケーションは、3つの主要なカテゴリーに分類できる。

- ペリフェラルデバイスとiOSアプリ

  このカテゴリーに入るのは、BLEペリフェラルデバイスやセンサーと、それと対になるiOSアプリだ。たとえば、iPhoneを使ってデータの表示と記録を行う、自転車のパワーとケイデンスのメーター。

- iBeaconデバイス

  iBeaconは、BLEアドバタイズ（022ページの「アドバタイズとスキャン」を参照）を利用するブロードキャストのみを行うデバイスで、GPS信号や携帯電話基地局からの電波が届きにくい屋内でのナビゲーションを補助し、iOSデバイス（とAndroidデバイス）に位置情報サービスを提供するために使われる。

- ペリフェラルデバイスとApple通知センターサービス

  iOSに組み込まれたApple通知センターは、着信中の電話の発信者IDやニュースサービスからの更新情報などのアラートや通知を、iOSデバイスの画面上に表示する。Apple通知センターサービス（ANCS）を利用すると、iOSデバイスはBLEを使って、たとえばBLE対応腕時計などの補助ディスプレイ上に通知を表示することができる。

　センサー用のアプリを開発するには主にCore Bluetoothフレームワークが使われるが、iBeacon用のアプリを開発するには主にCore Locationフレームワークが使われる（ANCSにはアプリは必要ない）。Core Bluetoothフレームワーク（CoreBluetooth）はiOS API（アプリケーション・プログラミング・インタフェース）の一部であり、BLE機能

とデバイスを取り扱う。そのCBCentralManagerクラスとCBPeripheralクラスは3章で述べたセントラルとペリフェラルに対応するものだ。CBCentralManagerはリモートデバイスをスキャンし、検索し、そしてコネクションを張るためのリソースを提供し、CBPeripheralはリモートペリフェラル内部のサービスや特性を取り扱うためのリソースを提供する。

　この章では、これらのフレームワークの使い方に慣れてもらうことを目的としている。そのため、特にBLE対応アプリを実装するために必要なクラスやメソッドを中心として、BLE機能に的を絞ったコード例を利用する。これらのコード例は、完全なBLEベースのアプリを構築するための基礎となるものだ。コード例は完全でも洗練されたアプリでもないが、iOSデバイス上で十分に機能するため、その動作を理解しておけば、iOS向けに独自のBLE対応アプリを書くための出発点に立つことができる。

> すべてのコード例の完全なXcodeプロジェクトは、この本のGitHubリポジトリ (https://github.com/microbuilder/IntroToBLE) から取得できる。すべてのコード例は、iOS 7またはそれ以降とXcode 5またはそれ以降を必要とする。

　iOS向けのアプリ開発やXcode開発環境の一般的な議論は、それ自体幅広く複雑な話題であり、大部分がこの章やこの本の対象範囲を超えてしまう。さらに情報が必要ならば、Matt Neuburg著の『Programming iOS 7 and iOS 7 Programming Fundamentals』(O'Reilly)をお勧めする。もちろん、最も信頼のおける情報はCore Bluetooth Programming Guide (https://developer.apple.com/library/ios/navigation/#section=Frameworks&topic=CoreBluetooth) をはじめとするApple iOS Developer Libraryだ。この章のコード例は、このガイドで推奨されるアプローチを忠実に踏襲している。

シンプルなバッテリーレベルのペリフェラル

　最初のコード例は、シンプルなリモートペリフェラルを探し出してコネクションを張る、セントラルiOSデバイスのプログラムだ。リモートペリフェラルの役割はBluegiga BLE112ハードウェアモジュール(090ページの「BluegigaのBLE112/BLE113モジュール」を参照)に演じてもらう。iOSデバイスはGATTクライアントとして、ペリフェラルはGATTサーバーとしてふるまうことになる(057ページの「役割」を参照)。

ここで利用するBluegiga BLE112モジュール評価ボードは、BLEモジュールファミリの開発キットの一部として、数多くのオンライン販売店から入手できる（パーツナンバー：DKBLE112）。このキットには、すぐに評価できるセンサーや入力がたくさん組み込まれている。あるいは、Jeff RowbergのBLE112 Bluetooth Low Energy board（http://www.inmojo.com/store/jeff-rowberg/item/ble112-bluetooth-low-energy-breakout/）なら、もっと安く購入できる。これはオープンソースのハードウェアソリューションなので、詳細なハードウェア設計はすべて上記のソースから入手可能だ。

この実装例でBLEペリフェラルとして機能するBLE112モジュールは、小さな可変抵抗（図9-1の左上の丸印の中）で設定される電圧をオンボードのA/Dコンバーターを使って読み出し、BLEのbattery_levelサービスを介して、その値をBLEの「バッテリーレベル」特性（0〜100%にスケーリングされる）へ保存する。つまり、iOSアプリはBLEペリフェラル上に保存された「バッテリーレベル」を読み出して、アプリで使えるように提供しなくてはならない。（サービスと特性に関する情報については、4章を参照してほしい）。

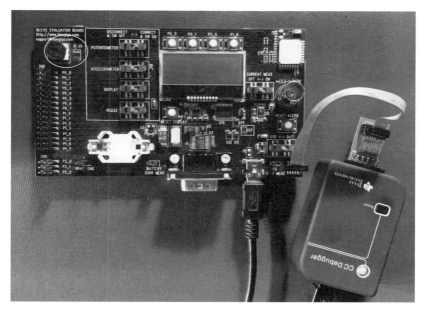

図9-1 BluegigaのBLE112開発ブレッドボード

「バッテリーレベル」ペリフェラルは BLE で定義済みのサービスとそれに関連した特性の1つであるため、「可変抵抗」ではなく「バッテリーレベル」という用語を使っている。定義済みプロファイルを使う義務があるわけではないが、ここでの議論のためにはそうしておくのが便利だ。

このシンプルなアプリケーションでは、Core Bluetooth フレームワーク内の CBCentralManager（BLEにおけるセントラルマネージャー役割のiOSデバイス上での抽象化）と CBPeripheral（リモートペリフェラルのiOSデバイス上での抽象化）という重要なクラスを参照する。また、コードには、それをサポートする CBService と CBCharacteristic というクラスも含まれている。リモートペリフェラル上で検索を行って、利用可能なサービスとそれに関連する特性を知る必要があるからだ（076ページの「サービスと特性の検索」を参照）。

図9-2に、BLEリモートペリフェラルデバイスにプログラムされたサービスや特性と、CBPeripheral オブジェクトとの関係を示す。

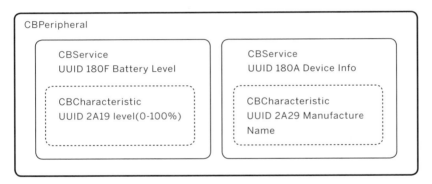

図9-2 CBPeripheral、CBService、そして CBCharacteristic オブジェクトの関係

便宜のため、この実装例のコードには BLE 規格から定義済みのサービスと特性（たとえば BatteryService）が取り込まれている。それらについてはベンダー固有の128ビット UUID ではなく、16ビット UUID が使われている（058ページの「UUID」を参照）。

SIGによって規定されたサービスと特性に関する情報をさらに必要とする人のために、Bluetooth Developer Portalではすべての定義済みサービス(https://developer.bluetooth.org/gatt/services/Pages/ServicesHome.aspx)と採用済み特性(https://developer.bluetooth.org/gatt/characteristics/Pages/CharacteristicsHome.aspx)の完全なリストが提供されている。

リモートペリフェラルのスキャン

　最初に、まずCBCentralManagerのインスタンスをアロケートし、バッテリーレベルサービスのBLEスキャン(022ページの「アドバタイズとスキャン」を参照)操作を開始する必要がある。

```
// バッテリーレベルサービスの定義済み BLE UUIDを利用
#define BATTERY_LEVEL_SERVICE_UUID 0x180f
#define DEVICE_INFO_SERVICE_UUID 0x180a

// 関心のあるサービスUUIDの配列を作成
NSArray *services = @[[CBUUID UUIDWithString:BATTERY_LEVEL_SERVICE_UUID],
    [CBUUID UUIDWithString:DEVICE_INFO_SERVICE_UUID]];

// Central Manager オブジェクトをインスタンス化し、起動する
CBCentralManager *centralManager = [[CBCentralManager alloc]
    initWithDelegate:self queue:nil];

// services UUID配列中に列挙されたサービスを持つペリフェラルをスキャン
[centralManager scanForPeripheralsWithServices:services options:nil];

self.centralManager = centralManager;
```

　まず、Core BluetoothフレームワークInstagramを使って関心のあるサービスUUIDのリスト(NSarray)を作成する。ここでの名前はservicesだ。UUIDWithStringメソッドを使って、UUID文字列をUUIDに対応するCBUUID(https://developer.apple.com/library/ios/documentation/CoreBluetooth/Reference/CBUUID_Class/index.html)オブジェクトへ変換する必要がある。

137

またCBUUIDは、定義済みのサービスや特性の16ビットUUIDを、対応する128ビットの完全な形式に変換する(詳しい情報については、058ページの「UUID」を参照)。次に、CBCentralManagerオブジェクトがインスタンス化され、そのscanForPeripheralsWithServicesメソッドへの最初の引数として、UUIDオブジェクトのリストが提供されている。ここでは、デバイス情報サービス($UUID_{16}$=0x180A)とバッテリーレベルサービス($UUID_{16}$=0x180f)という2つのサービスのみをアプリがスキャンする。要求されたサービスUUIDをアドバタイズデータ(表3-3参照)に含むペリフェラルだけが、見つかれば返される。

scanForPeripheralsWithServicesメソッドの最初の引数に、関心のあるCBUUIDのリスト(services)ではなくnilが与えられた場合には、到達範囲にあるすべてのBLEペリフェラルが返されることに注意してほしい。サービスを持つ可能性のあるペリフェラルをすべて実際に調べたい場合以外には、これは一般的によいプラクティスとは言えない。BLE無線ハードウェアを酷使し、バッテリーの消耗を速めてしまうからだ。

リモートペリフェラルとのコネクション

スキャンプロセスで関心のあるペリフェラルが見つかったら、centralManagerはdidDiscoverPeripheralを呼び出すので、この中からデリゲートメソッドconnectPeripheralを呼び出すことになる。このメソッドはペリフェラルオブジェクトの関連付けられたインスタンスを返すので、後でCBPeripheralのメソッドを使って調べることができる。

```
- (void)centralManager:(CBCentralManager *)central
 didDiscoverPeripheral:(CBPeripheral *)peripheral
     advertisementData:(NSDictionary *) advertisementData
                  RSSI:(NSNumber *)RSSI
{
    NSString *localName = [advertisementData objectForKey:
                     CBAdvertisementDataLocalNameKey];

    if ([localName length] > 0)
    {
        NSLog(@"Found the battery level monitor: %@", localName);

        // ペリフェラルが見つかったので、スキャンを停止
        [self.centralManager stopScan];

        // ペリフェラルオブジェクトを返す
        self.batteryLevelPeripheral = peripheral;
        peripheral.delegate = self;
```

```
    // ペリフェラルをcentralManagerとコネクション
    [self.centralManager connectPeripheral:peripheral options:nil];
  }
}
```

ここでもバッテリーの電力を節約するためには、関心のあるペリフェラルが見つかった後、([self.centralManager stopScan]を使って)スキャンを停止するのが良いプラクティスだ。もちろん、2つ以上のペリフェラルを見つける必要があるのなら、それに合わせてこのコード例のロジックを修正してほしい。

リモートペリフェラルと関連付けられたサービスを検索する

ペリフェラルが見つかってペリフェラルのオブジェクトがインスタンス化された後で、関係するサービスと、それに関連付けられた特性のオブジェクトを作成する必要がある。

```
- (void)centralManager:(CBCentralManager *)central
  didConnectPeripheral:(CBPeripheral *)peripheral
{
    // ペリフェラルのデリゲートを設定
    [peripheral setDelegate:self];

    // 利用できるサービスを検索
    [peripheral discoverServices:nil];

    // 結果をログに記録
    self.connected = [NSString stringWithFormat:@"Connected: %@",
        peripheral.state == CBPeripheralStateConnected ? @"YES" : @"NO"];
    NSLog(@"%@", self.connected);
}
```

このコードで、コネクションが確立された際にcentralManagerはdidConnectPeripheralを呼び出してインスタンス化する。ペリフェラルのデリゲートが設定され、ログに記録される。

サービスと関連付けられた特性を検索する

　Core Bluetoothは didDiscoverServices を呼び出すことによって、見つかったサービスのそれぞれについて CBService オブジェクトを作成する。以下のコードは CBPeripheral クラスの discoverCharacteristics を利用して、特性（076ページの「サービスと特性の検索」を参照）を検索して CBCharacteristic オブジェクトの配列に保存している。

```
- (void)peripheral:(CBPeripheral *)peripheral
didDiscoverServices:(NSError *)error
{
    // 各サービスについて順番に、それぞれと関連付けられた
    // 特性を検索
    for (CBService *service in peripheral.services)
    {
        NSLog(@"Discovered service: %@", service.UUID);

        // 各サービスと関連付けられた特性を検索
        [peripheral discoverCharacteristics:nil forService:service];
    }
}
```

　[peripheral discoverServices:nil] や [peripheral discoverCharacteristics:nil forService:service]のように、パラメータとしてnilを渡す際には注意してほしい。その場合、iOSデバイスはそのペリフェラル上の**すべての**サービスと**すべての**特性を検索しようとするからだ。これは、探しているものよりもはるかに多くのサービスとそれに関連付けられた特性をリモートペリフェラルが実装している場合、バッテリーの電力と時間を無駄に消費することになってしまう。ここでは、この問題は生じない。ペリフェラル側には、関心のあるものしか実装されていないからだ。しかし特定のアプリケーションでこれが問題となり得る場合には、nilの代わりにサービスと特性のリストを使うようにしてほしい。

　関心のあるサービスとそれに関連付けられた特性が見つかったら、特性値を読み出してアプリに提供する必要がある。値は readValueForCharacteristic: メソッドを利用して直接取得できる。これは、リモートペリフェラルの特性がスタティックである場合には良いアプローチだ。

　しかし、バッテリーレベルのように特性が時間とともに変化する場合、080ページの「サーバー主導更新」で説明したBLE通知機能を利用すべきだ。これをバッテリーレベル特性について行った場合、アプリケーションはバッテリーレベルの値が変化した際にのみ通知される。これによって、リモートペリフェラルの変化を周期的にポーリングすることが避けら

れる。ポーリングは不必要な無線トラフィックを発生するので、セントラルiOSデバイスのバッテリーの消耗を速めてしまうおそれがある。

リモートペリフェラル上の特定の特性についてBLE通知をオンにするには、setNotifyValue:forCharacteristic:メソッドを使う(このメソッドは、069ページの「クライアント特性構成ディスクリプタ」で説明したように、ペリフェラル上の対応するCCCDへ書き込みを行う)。これを行うバッテリーレベル特性のコードを以下に示す(繰り返しになるが、製造者データはスタティックなので、それにreadValueForCharacteristic:を使うことは理にかなっている)。

```
- (void)peripheral:(CBPeripheral *)peripheral
didDiscoverCharacteristicsForService:(CBService *)service error:(NSError *)error
{
    // 電圧レベルのサービスを取得する
    if ([service.UUID isEqual:[CBUUID UUIDWithString:
                        BATTERY_LEVEL_SERVICE_UUID]])
    {
        for (CBCharacteristic *aChar in service.characteristics)
        {
            // レベルの通知を要求
            if ([aChar.UUID isEqual:
                [CBUUID UUIDWithString:
                BATTERY_LEVEL_MEASUREMENT_CHARACTERISTIC_UUID]])
            {
                [self.batteryPeripheral setNotifyValue:YES
                  forCharacteristic:aChar];
                NSLog(@"Found battery level measurement characteristic");
            }
        }
    }

    if ([service.UUID isEqual:
        [CBUUID UUIDWithString:DEVICE_INFO_SERVICE_UUID]])
    {
        for (CBCharacteristic *aChar in service.characteristics)
        {
            if ([aChar.UUID isEqual:
                [CBUUID UUIDWithString:
                MANUFACTURER_NAME_CHARACTERISTIC_UUID]])
            {
                [self.batteryPeripheral readValueForCharacteristic:aChar];
                NSLog(@"Found a device manufacturer name characteristic");
            }
        }
```

```
    }
}
```

　これで、ペリフェラルが通知を送信した際にdidUpdateValueForCharacteristic
メソッドが呼び出されるので、アプリはバッテリーレベル特性の値が変化した際にのみ、そ
れを読み出すことができるようになる。

```
- (void)peripheral:(CBPeripheral *)peripheral
didUpdateValueForCharacteristic:(CBCharacteristic *)characteristic
                           error:(NSError *)error
{
    // バッテリーレベル測定値の更新を受信した
    if ([characteristic.UUID isEqual:[CBUUID
        UUIDWithString:BATTERY_LEVEL_MEASUREMENT_CHARACTERISTIC_UUID]])
    {
        // バッテリーレベルを取得
        [self getBatteryLevelData:characteristic error:error];
    }
}
```

　ここまでで、リモートペリフェラルと関連付けられたサービスと特性のオブジェクトを作成
するコードが完成した。次のセクションではこれらのオブジェクトを使って、アプリの他の部
分にデータを提供する。

特性の読み出しとデコードを行うメソッド

　次のコード断片は、通知されたバッテリーレベルの値を特性オブジェクトから取得して、
アプリの他の部分で使ってもらうためのものだ。

```
- (void) getBatteryLevelData:(CBCharacteristic *)characteristic
                      error:(NSError *)error
{
    // バッテリーレベルを取得
    NSData *data = [characteristic value];
    const uint8_t *reportData = [data bytes];
    uint16_t level = 0;

    if ((reportData[0] & 0x01) == 0)
```

```
    {
        // バッテリーのレベル値を取得
        level = reportData[1];
    }
    else
    {
        level = CFSwapInt16LittleToHost(*(uint16_t *)(&reportData[1]));
    }

    // エラーが起こっていなければ、UI へバッテリーレベル値を表示
    if( (characteristic.value) || !error )
    {
        self.batteryLevel = level;
        self.batteryLevel.text = [NSString stringWithFormat:@"%i %",
                                  batteryLevel];
    }
    return;
}
```

そしてこのコードは、製造者データを取得してアプリで使うためのものだ。

```
- (void) getManufacturerName:(CBCharacteristic *)characteristic
{
    NSString *manufacturerName = [[NSString alloc]
                                  initWithData:characteristic.value
                                  encoding:NSUTF8StringEncoding];
    self.manufacturer = [NSString stringWithFormat:@"Manufacturer: %@",
                         manufacturerName];
    return;
}
```

　ここまでで、リモートペリフェラルの A/D コンバーターによって測定されたバッテリーレベル電圧を iOS デバイスへ BLE 経由で転送することが iOS API を利用してできるようになった。あとはこのデータをグラフや文字として表示したり、データベースへ保存したりすればよい。

iBeacon

　iBeaconアプリは、iOSのCore Locationフレームワーク（https://developer.apple.com/library/ios/documentation/userexperience/conceptual/LocationAwarenessPG/CoreLocation/CoreLocation.html）機能を利用して、携帯電話基地局の信号やGPSがうまく（あるいはまったく）受信できない可能性のある屋内で、ナビゲーションと位置ベースの機能をiOSとAndroidデバイスへ提供する。

　iBeaconモデルは、位置情報に基づいてデバイスとコネクションを張ったり通知したりする、さまざまな新しい可能性を提供する。これには、小売業への興味深い応用が含まれる。たとえば、許可ベースのマーケティングを行って、小売業者が店舗内の位置情報に基づいたスペシャルオファーなどの情報を（対応するアプリを自分の携帯電話にインストールした）顧客へプッシュすることができるかもしれない。博物館では、iBeaconで来館者へ近くにある展示物に関する詳細な情報を（テキスト、音声、あるいはビデオプレゼンテーションの形態で）届けることによって、ガイドを必要としないツアーが提供できるかもしれない。

　iBeacon機能を実装するデバイスは、以下の4つの値を含むBLEアドバタイズパケットをブロードキャストする（043ページの「ブロードキャストとオブザベーション」を参照）。

- **近接UUID**
  1つ以上のビーコンを、特定の種類または特定の組織のものとして一意に特定する128ビットの値。

- **メジャー番号**
  オプションの16ビット符号なし整数で、同一の近接UUIDを持つビーコンをグループ分けするために使うことができる。

- **マイナー番号**
  オプションの16ビット符号なし整数で、同一の近接UUIDとメジャー番号を持つビーコンを区別するために使うことができる。

- **RSSI値**
  ビーコンにプログラムされた値で、信号の強さに基づいてビーコンからの距離を求めるために使われる。

　博物館の例では、近接UUIDはある特定の博物館と関連付けられ、またメジャー番号とマイナー番号は博物館の中の複数のビーコンをグループ分けしたり区別するために使うことができるだろう。この場合、メジャー番号は博物館の中の展示室を示し、マイナー番号はその展示室の中の特定の展示品に関連付けられるかもしれない。

このように複数のビーコンを、特定の展示室と展示品と関連付けた形で設置すれば、受信デバイス上のiOSアプリケーションによって行われるレンジング(147ページの「レンジング」を参照)によってこれらを区別し、各ビーコンへの距離を見積もって、受信デバイスの位置を特定できることになる。iBeaconアプリは、例えばこの情報を使って受信iOSデバイスを持っている人に最も近い展示品についての情報を届けることができるだろう。

アドバタイズ

通常、ビーコンはアドバタイズのみを行い、他のサービスやコネクタビリティを提供しない(BLEデバイスは、コネクションが行われるとアドバタイズを停止してしまうため)。図9-3に示すアドバタイズパケットのフォーマットはアドバタイズパケット用の標準BLEフォーマットに準拠しており、製造者固有データ(Manufacturer Specific Data) AD Typeを利用している(054ページの「アドバタイズデータのフォーマット」を参照)。

iBeaconアドバタイズパケットのフォーマット				Bluetooth規格バージョン4.0 [Vol. 3]
バイト(オクテット)	値	意味	フォーマット	Appendix C (Normative): EIR and AD Formats
0	0x02	アドバタイズフィールドの長さ(ここでは2バイト)	長さ=ADフィールドタイプ+ADデータ	
1	0x01	アドバタイズフラグ	ADフィールドタイプ	表18.1
2	0x06	LE一般発見可能モード、BR/EDRサポートなし	ADデータ	
3	0x1a	アドバタイズフィールドの長さ(ここでは26バイト)	長さ=ADフィールドタイプ+ADデータ	
4	0xff	製造者固有データをアドバタイズ	ADフィールドタイプ	表18.3
5	0x4c	製造者固有データ	ADデータ	
6	0x00	製造者固有データ		
7	0x02	製造者固有データ		
8	0x15	製造者固有データ		
9	0x1a	iBeacon UUID		
10	0xcb	iBeacon UUID		
11	0xad	iBeacon UUID		
12	0x6e	iBeacon UUID		
13	0xe1	iBeacon UUID		

14	0xa5	iBeacon UUID	
15	0x48	iBeacon UUID	
16	0x38	iBeacon UUID	
17	0xa6	iBeacon UUID	
18	0x2a	iBeacon UUID	
19	0x22	iBeacon UUID	
20	0xd3	iBeacon UUID	
21	0x5d	iBeacon UUID	
22	0x00	iBeacon UUID	
23	0xc3	iBeacon UUID	
24	0x5b	iBeacon UUID	
25	0x00	メジャー番号上位バイト	
26	0x03	メジャー番号下位バイト	
27	0x00	マイナー番号上位バイト	
28	0x02	マイナー番号下位バイト	
29	0xbx	RSSI（の2の補数）	

図9-3 iBeaconの利用するアドバタイズパケットのフォーマット

　典型的なiBeaconはシンプルな、コイン型電池で駆動されるBLEハードウェアだ（たとえばBLE112モジュール）。iOSデバイスを、Core Bluetoothフレームワークを用いてiBeaconアドバタイズサービスを実行するようにプログラムすることもできる。これはテスト用には便利だが、iBeaconアプリが常にフォアグラウンドで動作しなくてはならないため、あまり実用的ではないだろう。

　iOSデバイスをiBeacon送信機として使いたいなら、Radius NetworksのLocate for iBeacon app（https://itunes.apple.com/us/app/locate-for-ibeacon/id738709014?mt=8）を使うことができる。Radius Networksには、もう1つOS X用のMacBeaconという便利なアプリもある。これはMacをiBeaconとして機能させることができるので、iOSデバイスを使ったiBeaconアプリのテストに役立つ。

レンジング

　レンジング（**Ranging**）とは、受信デバイス（例えばiPhone）上で動作するiBeaconアプリが、近くのビーコンから受信した無線信号の強度を使って、受信デバイスとそのビーコンとの間の距離を推測するプロセスだ。信号強度はRSSIとしてdBm単位で測定され、iOSデバイス上で動作するBLEアプリによって検索されたすべてのペリフェラルについて利用可能となる。具体的には、RSSIはiBeaconアプリが動作するiOSデバイスの到達範囲内にあるすべてのビーコンについて監視される。特定のビーコンについて測定されるRSSIは、iPhoneが部屋の中を移動するにしたがって変化する。一般的に言って、RSSIはiPhoneとiBeaconとの間の距離が増加すると低下する。

　またビーコンは、アドバタイズパケット中でRSSIの値をブロードキャストする。この場合のRSSIの値は固定されており、製造時にビーコンへプログラムされたものだ。このRSSIは、通常は専用ソフトウェアを実行するiPhoneによって、1mの固定距離からビーコンの信号強度を測定して決められる。たとえば、Radius NetworksのLocate for iBeacon app（https://itunes.apple.com/us/app/locate-for-ibeacon/id738709014?mt=8）をこの目的に使うことができる。

　RSSIの値は、実際にはdBmを単位とする符号付き8ビット整数としてアドバタイズパケットに保存されるが、RSSIを使うためにはこのことを知る必要はないし、またRSSIがログスケールであって（一般的には）ビーコンからの距離の二乗に反比例することも理解する必要はない。これらの計算は、iOSがやってくれるからだ。このキャリブレーションの主目的は、製造方法の違いや無線チップの性能などに起因する、ビーコンごとの信号出力の変動に対応するためだ。

　iBeaconアプリは測定されたRSSIを、ビーコンがアドバタイズするパケットに含まれる1mの距離でのRSSIの期待値と比較して、ビーコンとiOSデバイスとの間の距離を推測する。すべてのビーコンがキャリブレーションされていれば、この手法を使ってビーコンへの距離がかなりの精度で推定できる（典型的には1m以内）。

　以下の例を見ればわかるように、Core Locationサービスは、iBeaconを利用してレンジングを行うためのクラスとメソッドを提供している。CLBeaconRegionクラスのインスタンスと、それに関連付けられたメソッドを使うことになるだろう。キャリブレーション済みのビーコンとCLBeaconRegionを使えば、メートル単位の実際の距離と**ビーコン領域**（特定のiBeaconを中心として設定された半径を持つ球状の領域）だけを考えれば済むようになる。

　例えば特定のビーコンからお望みの半径の領域を設定して、そこに入ったりそこから出たりしたことを教えてくれるアラートなど、iBeacon領域に関連するアクションをiBeaconアプリに発生させることもできる。やはりレンジング値に基づいて、どのiBeaconが最も近くにあるかアプリに教えてくれるメソッドも提供されている。

iBeacon アプリの実装

以下に説明するiBeaconアプリを実装するために必要なものはCore Locationフレームワークだけだ。これにはCLLocationManager、CLBeaconRegion、そしてCLBeaconなど、アプリケーションにとって重要なクラス参照が含まれている。Core Bluetoothフレームワークが直接使われることはない。ここで説明するiPhoneアプリは近くのビーコンの存在を検出し、どれが一番近いか判断するものだ。

このアプリをテストするために、筆者は数台のBLE112モジュール（図9-4に示す）をプログラムし、簡単に配置できるようCR2032コイン型電池から電源を供給するようにした。

図9-4 CR2032コイン型電池を電源とし、iBeaconとしてプログラムされたBLE112モジュール

 テストのため、Bluegiga BLE112 モジュールは必要な iBeacon アドバタイズパケットを作成し送信する。iPhone アプリと BLE112 モジュールのテスト用プログラムの完全なコードは、両方ともこの本の GitHub リポジトリ（https://github.com/microbuilder/IntroToBLE）で提供している。

最初に、ビーコン領域を作成して登録する必要がある。

```objc
@implementation BobsBeaconTracker

- (instancetype)init
{
    self = [super init];
    if (self == nil) return nil;

    self.locationManager = [[CLLocationManager alloc] init];
    self.locationManager.delegate = self;
    self.beaconRegion = [[CLBeaconRegion alloc]
        initWithProximityUUID: [[NSUUID alloc]
                        initWithUUIDString:
                        @"E2C56DB5-DFFB-48D2-B060-D0F5A71096E0"]
                        identifier: @"Bobs Beacon default region"];
    self.beaconRegion.notifyEntryStateOnDisplay = YES;
    [self.locationManager startMonitoringForRegion:self.beaconRegion];

    return self;
}
```

　すべてのiBeaconアプリは、あらかじめinitWithProximityUUIDプロセスによってアプリへハードコードされる特定の近接UUIDを使わなくてはならないため、そのUUID（アプリがダウンロードされた際にiOSへ登録されたUUID）を持つビーコンだけに反応する。つまり、ユーザーがiBeaconを使うためにはそのアプリをダウンロードする必要があるので、ユーザーが制御権を握っていることになる（しかし、一度インストールされたアプリは、オープンや動作していなくてもアラートを受信できる）。アプリを明示的にダウンロードしない限り、異なる近接UUIDを持つ他のビーコンと関連した、望みもしないiBeaconアラートや通知にユーザーが悩まされることはない。

　iOS 7.1以降では、アプリがインストールされた際にオペレーティングシステム自体がそのアプリに関連するビーコン領域を登録するようになった。その後は、アプリがサスペンドされていても動作していなくても、ビーコン領域に入ったり出たりした際には、通常10秒以内にシステムによってiOSアプリが起動される。

　コードの次のセクションでは、特定のiBeaconの監視を開始したり停止したりするためのメソッドやオブジェクトと、どのビーコンがiOSデバイスに一番近いかを判定するためのメソッドを、CLBeaconクラスが提供している。

```objc
// ビーコンのレンジングを開始
- (void)locationManager:(CLLocationManager *)manager
        didEnterRegion:(CLRegion *)region
{
    if (![region.identifier isEqualToString:self.beaconRegion.identifier])
```

```
    return;

    [self.locationManager startRangingBeaconsInRegion:self.beaconRegion];

    NSLog(@"entered region");
}

// ビーコンのレンジングを停止
- (void)locationManager:(CLLocationManager *)manager
       didExitRegion:(CLRegion *)region
{
    if (![region.identifier isEqualToString:self.beaconRegion.identifier])
    return;
    [self.locationManager stopRangingBeaconsInRegion:self.beaconRegion];

    NSLog(@"exited region");
}

// 一番近いビーコンを判定

- (void)locationManager:(CLLocationManager *)manager
       didRangeBeacons:(NSArray *)beacons
              inRegion:(CLBeaconRegion *)region
{
    __block CLBeacon * closestBeacon ;

    if (beacons.count < 1) {
        closestBeacon = nil;
    }
    else
    {
        NSLog(@"locationManager didRangeBeacons: %@", beacons);

        [beacons enumerateObjectsUsingBlock:^(CLBeacon * beacon,
                                              NSUInteger idx, BOOL *stop)
        {
            if ((closestBeacon == nil) || (beacon.rssi > closestBeacon.rssi))
            {
                closestBeacon = beacon;
            }

            NSLog(@"closest beacon: %@", closestBeacon);
        }];
    }
```

```
        if (![self beacon:self.closestBeacon isSameAsBeacon:closestBeacon]) {
            self.closestBeacon = closestBeacon;
            [[NSNotificationCenter defaultCenter]
                postNotificationName:BobsBeaconTracker_ClosestBeaconChanged
                object:self];
        }
    }
}

// ビーコンを比較

- (BOOL)beacon:(CLBeacon *)beacon isSameAsBeacon:(CLBeacon *)otherBeacon
{
    return ([beacon.proximityUUID isEqual:otherBeacon.proximityUUID] &&
            (beacon.major == otherBeacon.major) &&
            (beacon.minor == otherBeacon.minor));
}
```

　このコードが博物館アプリケーションへ組み込まれたとすれば、そのアプリは最も近いビーコンを判定して適切なアクションを取る(たとえば、展示品を詳しく説明するマルチメディアコンテンツを提供する)ことができるだろう。

　AndroidデバイスもiBeaconや一般のBLEビーコンを利用できる。AndroidでiBeaconを使うことに関心があれば、Radius NetworksのAndroid library of APIs to interact with iBeacons (https://github.com/RadiusNetworks/android-ibeacon-service)を参照してほしい。

外部ディスプレイとApple通知センターサービス

　iOSのApple通知センターサービス(ANCS)機能は、アクティブな画面の上部に(あるいはアクティブな画面全体に)バナーメッセージとして通知を表示して、タイムリーなアラートを提供する(たとえば、テキストメッセージの受信や不在着信の際、あるいはその他さまざまな応用が考えられる)。たとえば電話の着信があった場合、ANCSはアクティブ画面を図9-5のようなものに一時的に置き換える。

図9-5 iPhone上の着信通知

　iOS 7が導入された際、Appleはこのような警告をBLEで接続されたアクセサリ（たとえば、BLE対応腕時計）へルーティングするためのBLEインタフェースをANCS（https://developer.apple.com/library/ios/documentation/CoreBluetooth/Reference/AppleNotificationCenterServiceSpecification/Introduction/Introduction.html#//apple_ref/doc/uid/TP40013460）に追加した。

　ANCSの文脈では、iOSデバイスは常にGATTサーバーとして動作し、通知を表示するデバイスはGATTクライアントとして動作する。ANCSの動作を効率よく説明するために、多少の用語を定義しておく必要がある。この議論においては、ANCS通知を送信するiOSデバイスを**通知プロバイダ**（NP）、通知を待ち受けるアクセサリ（たとえば、BLE対応腕時計）を**通知コンシューマ**（NC）と呼ぶことにする。
　iOSデバイス上に表示される通知は**iOS通知**とも呼ばれ、BLE GATT特性を介して送信される通知は**GATT通知**と呼ばれる。

　ANCSを使うために、iPhone上でアプリをプログラミングする必要はない。その代わり、アクセサリはANCSのサービスUUID（7905F431-B5CE-4E99-A40F-4B1E122D00D0）を含むアドバタイズパケットによって、通知の受信要求をアドバタイズする。図9-6に、このパケットの構造を示す。

バイト (オクテット)	値	意味	フォーマット	
		ANCS通知コンシューマアドバタイズパケットのフォーマット		Bluetooth規格バージョン4.0 [Vol. 3] Appendix C (Normative): EIR and AD Formats
0	0x02	アドバタイズフィールドの長さ (ここでは2バイト)	長さ＝AD フィールドタイプ＋ ADデータ	
1	0x01	アドバタイズフラグ	ADフィールドタイプ	表18.1
2	0x06	LE一般発見可能モード	ADデータ	
3	0x04	アドバタイズフィールドの長さ (ここでは4バイト)	長さ＝ADフィールドタイプ＋ADデータ	
4	0x09	完全ローカル名をアドバタイズ	ADフィールドタイプ	表18.3
5	0x42	'B'	ADデータ	
6	0x4f	'O' ローカル名		
7	0x42	'B'		
8	0x11	アドバタイズフィールドの長さ (ここでは17バイト)	長さ＝ADフィールドタイプ＋ADデータ	
9	0x15	Advertising Service Solicitation	ADフィールドタイプ	表18.9
10	0xd0	ANCS UUID	ADデータ	
11	0x00			
12	0x2D			
13	0x12			
14	0x1e			
15	0x4b			
16	0x0f			
17	0xa4			
18	0x99			
19	0x4e			
20	0xce			
21	0xb5			
22	0x31			
23	0xf4			
24	0x05			
25	0x79			

図9-6 NCの利用するアドバタイズパケットのフォーマット

NCからのANCS UUIDを持つアドバタイズパケットをNPのiOSデバイスがスキャンすると、NCのアクセサリデバイスへコネクションを張る。ここで、興味深い役割の逆転が起こる（少なくともセントラルとペリフェラルとの間のデータの流れとして通常考えられるものとは逆だ）。NC（ペリフェラル）がGATTクライアントとなり、NP上のサービス（ANCSサービス）をサブスクライブして、NP（セントラル）のiOSデバイスから通知とデータを受信することになる。057ページの「役割」で述べたように、GAP役割とGATT役割は互いに独立しているので、これは完全に正常な動作だ。

　NP（iOSセントラルデバイス）上のApple通知センターサービスUUIDは7905F431-B5CE-4E99-A40F-4B1E122D00D0であり、下記の特性とUUIDが関連付けられている。

- 通知ソース（**Notification Source**）
  UUID 9FBF120D-6301-42D9-8C58-25E699A21DBD（通知可能）

- コントロールポイント（**Control Point**）
  UUID 69D1D8F3-45E1-49A8-9821-9BBDFDAAD9D9（応答を伴う書き込み可能）

- データソース（**Data Source**）
  UUID 22EAC6E9-24D6-4BB5-BE44-B36ACE7C7BFB（通知可能）

　通知ソースは必須の特性だが、それ以外はオプションだ。通常、アクセサリ（NC）はGATTサービスのService Changed特性をサブスクライブして、通知ソースからのANCSの変更通知を自動的に受け取ることになる。ANCSからの新たな**GATT通知**を受け取った際、NCはさらに情報を要求することができる。さらに情報を見つけるために、NCは関心のある通知IDと受信したい関連アトリビュートのリストとを含むメッセージを、コントロールポイントへ送信（書き込み）する。そうすると、これらの情報はデータソースからの応答として提供される。

　NC（ペリフェラル）のファームウェアは、以下のステップを実行しなくてはならない。

1. 到達範囲内に存在するNPの注意をひくために、アドバタイズパケットにANCS UUIDを含めてアドバタイズを開始する（通常は1秒に1回）。
2. NP（iOSデバイス）がコネクションを張った際に、NCデバイスとのペアリング（まだボンディングされていない場合）を行うか、暗号化を有効にする。
3. iOS ANCSサービスを数え上げる。
4. 通知ソースのクライアントを設定する。
5. 通知時に、さらに情報が必要であれば、ANCSコントロールポイントへメッセージを書き込む。
6. データソースからの応答（通知IDとデータが含まれている）を受信する。

NC（この例ではローカル名BOBとなっている）とiOSデバイスとのペアリングは簡単だ。NC（リモートペリフェラル）がアドバタイズを開始した後、NP（セントラル）iPhone上で［設定］→［Bluetooth］を開いてBLEデバイスのスキャンを開始し、その後手動でデバイスのペアリングを行う（図9-7に示すように）。PINは必要とされない。

図9-7 NP（セントラル）とNC（リモートペリフェラル）のペアリング

図9-8に、NC（ペリフェラル）に接続された端末エミュレーション画面上で受信した通知を示す。ここでは、着信、不在着信、そして新しい留守番電話メッセージという3通の通知をNP（iPhone 5）が送信している。

最初の行のCALLは通知種別（着信）を示し、次の行のnsはNCが受信してNCのUARTへ書き込んで端末エミュレータ上に表示された通知文字列を示す。doneという文字列は、通知コネクションが完了したことを示す。その後、ソフトウェアは通知とともに送信されたデータをスキャンする。

次のデータはUID（すべてゼロ）と、発信者名（発信者ID）を含む文字列Robert Daviだ。次の行のMISSEDは、第2の通知イベント（不在着信）の開始を意味している。第3の通知（新しい留守番電話メッセージ）は、VMAILで始まっている。

155

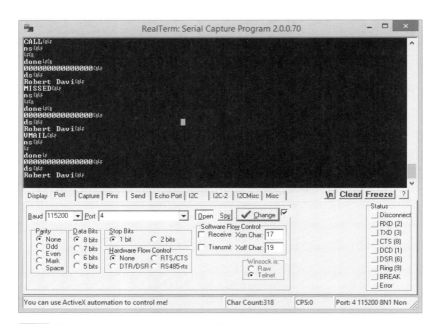

図 9-8 端末エミュレータ画面上に表示された着信通知

10 組み込みアプリケーション開発
Embedded Application Development

　この章では、すぐに利用できるオープンソースの組み込み開発キットとプラットフォームを中心に、Bluetooth Low Energy ペリフェラルのカスタムファームウェアを作成する際に役立つツールをいくつか説明する。

　この章の第1部では、ARMによって開発されメンテナンスされているmbed開発プラットフォームの高レベルBLE APIを紹介する。組み込みツールチェインを自分で構成しなくてもよいし、組み込みハードウェアの低レベルの知識も必要ないので、組み込み開発の初心者にはうってつけだ。面倒なファームウェア実装上の問題やセットアップの問題は、使いやすいオンラインツールと高レベルAPIが面倒を見てくれる。

　第2部では、組み込み**ツールチェイン**について説明する。ツールチェインとは、ソースコードを組み込みプロセッサ上で動作する実行可能形式バイナリへ変換するために使われる種々のツールのことだ。このセクションでは、WindowsやOS XあるいはLinux上でARMバイナリをビルドするためのクロスコンパイル用ツールチェインの設定方法を示す。

　この章の第3部では、これらのツールと現実世界の概念を用い、標準心拍数プロファイルを使ってAndroidデバイスへ心拍数を送信する、NordicのnRF51822システム・オン・チップ（083ページの「nRF51822-EK (Nordic Semiconductors)」を参照）を利用したサンプルプロジェクトを示す（BLEのプロファイルに関する詳しい情報は、014ページの「SIGによって定義されたGATTベースのプロファイル」を参照してほしい）。

　このサンプルプロジェクトの完全なコードは、この本のGitHubリポジトリ（https://github.com/microbuilder/IntroToBLE）から入手できる。

mbedのBLE API

　ARM Cortexプロセッサを利用した組み込みハードウェアの開発を可能な限り簡略化するという目標の一環として、ARMとそのパートナー企業はmbed（http://mbed.org/）と呼ばれるオープンソース開発プラットフォームを作り上げた。mbedを使えば、サポートされているさまざまなARMプロセッサ（https://mbed.org/platforms/）間でポータブルなコードを書くことができ、これらのプロセッサ上で動作するように構築されたAPIやコンポーネントが利用できる。

157

またmbedは、フリーのオンライン共同開発ツールや、さまざまな商用やオープンソースのさまざまなオフラインのツールチェインやIDEと組み合わせて使うことも可能だ。高レベルAPIの定義には多大な労力が費やされ、開発予算全体のかなりの部分を占め得るチップ周りの低レベルの詳細のほとんどを抽象化されている。これによって、コミュニティで共有されているオープンソースのソフトウェアコンポーネントを再利用することができるため、ファームウェア技術者は選択したマイクロコントローラー（MCU）に固有の低レベルの詳細実装から開放され、プロジェクト特有のコードに専念できるようになる。

　ここで特筆しておきたいのは、最近ARMによってBLE APIがmbedプラットフォームへ追加されたことだ。つまり、プロトコルスタックやチップセットのベンダーによる違いを気にすることなく、数十行のコードと数時間の労力で、少数のBLEサービスや特性（063ページの「アトリビュートとデータの階層構造」で説明した）を持つシンプルなGATTサーバーを実装できるのだ。

　mbedは、概念実証製品をゼロから簡単に作り上げることができ、しかもそのプラットフォームは後で量産へ移行する際にも利用できる（オフラインコンパイラへコードをエクスポートする必要があるかもしれない）。BLEに関して高レベルの抽象化が提供されているため、長い時間をかけてBLE SoCやモジュールの詳細について学ぶ必要はない。例えば、たった1行のコードで標準BLEサービスや特性のインスタンス化が可能だ。

```
GattService hrmService(GattService::UUID_HEART_RATE_SERVICE);
GattCharacteristic hrmRate(GattCharacteristic::UUID_HEART_RATE_MEASUREMENT_CHAR,
    2, 3, GattCharacteristic::BLE_GATT_CHAR_PROPERTIES_NOTIFY);
GattCharacteristic hrmLocation
    (GattCharacteristic::UUID_BODY_SENSOR_LOCATION_CHAR,
    1, 1, GattCharacteristic::BLE_GATT_CHAR_PROPERTIES_READ );
```

　本書の執筆時点では、mbedのBLE APIはまだベータ版で開発が活発に続けられているが、すでにプロトタイプや概念実証製品に必要となりそうな機能の大部分はカバーされている。mbedに関する情報や、BLE APIに関するサンプルコードや最新情報については、mbedプロジェクトのウェブサイト（http://mbed.org/）を参照してほしい。

組み込みツールチェイン

　mbed は有効な組み込み開発プラットフォームであり、プロトタイプから製品への明確なパスを提供してくれるが、どんなベンダー中立な高レベル API やプラットフォームであっても低レベル詳細実装のコントロールが多少なりとも犠牲になってしまうことは避けられない。一般的には、使いやすさのためにコードやドライバの低レベルでの最適化が失われることになる。このトレードオフは多くの状況で道理にかなうものだが、組み込み開発すべてに適用できるようなアプローチではないことも明らかだ。

　製品設計の世界では、使いやすさよりも性能や制御性が優先されることが多いし、今でも技術者の多くは実装の詳細をすべて自分でコントロールし、独自の低レベルドライバを作成したり独自のビルド環境を準備したりすることを好んでいる。独自の低レベルドライバを書くには開発工数がより多く必要となるが、製品で動作するコードを最大限コントロールできることも確実になる。またプロセッサをより詳細に理解する必要があるので、性能やコストの大幅な最適化が可能となる。

　組み込み製品の場合、サイズと性能についてコードを完全に最適化できることは非常に重要だ。例えばコードサイズを最適化すれば、小規模で安価なプロセッサを使えるため、部品費用が 2 ドルから 3 ドル節約でき、結果的に小売価格が 5 ドルや 10 ドル、あるいはそれ以上違ってくることも珍しくない。このようなコストの節減が、製品が成功するか、それとも（間違った価格帯に投入されたため）失敗してしまうかを決めてしまうこともある。最終的なコードのサイズと性能をコントロールするための最善の策は、コンパイラとビルド環境を完全にコントロールして、組み込みプロセッサや SoC のすべてのクロックサイクルを無駄なく使い切ることだ。

　小規模な組み込みプロセッサ向けのコードのコンパイルには、**ツールチェイン**と呼ばれるものが必要となる。ツールチェインはその名前が意味するとおり、実行可能形式コードをビルドするために使われる種々のツールだが、このツールチェインの中で最も重要な**クロスコンパイラ**だ。クロスコンパイラは、あるアーキテクチャ上で（たとえば、x86 命令セットを用いて）動作しコンパイルを行うが、それとは異なるアーキテクチャ（たとえば、ARM の何らかの変種）用のコードを生成する。クロスコンパイラや低レベル組み込みツールチェインには、商用やオープンソースの選択肢が数多く存在するが、このセクションではオープンソースのソリューションに注目する。

　最近、GCC（GNU プロジェクトの一部であるフリーでオープンソースのコンパイラのコレクション）が、ARM のサポートに関して長足の進歩を遂げた。これらの進歩は、主に ARM が支配的な地位を築いている（典型的には ARM Cortex-A プロセッサを使用した）携帯電話とタブレット領域におけるものだが、重複した命令セットを持つ小規模な組み込み専用プロセッサ（ARM Cortex-M など）も、この領域への膨大な投資から恩恵を受けている。

　さまざまな業界で広く利用されている GCC は、あらゆるモダンなオペレーティングシステムやアーキテクチャで利用できるという点でも便利だ。GCC をターゲットとしたコードは一般的に移植性が高く、Linux や OS X、Windows など想像できる限りほとんどすべての環

境で、コンパイラ出力に実質的な変動なく、同一のコードをビルドできる。

　後者のポイントは非常に重要で、組み込み開発向けにGCCが選ばれる大きな理由の1つともなっている。現在のGCCはARMにも素晴らしいコードを出力するが、まだ特定のタスクに関しては一部の商用コンパイラのほうが良い性能を示すこともある。しかし、GCCにあって商用ツールチェインにない利点は、**常**に同一のコンパイラのバージョンと依存関係を用いてファームウェアを再構築できるという保証だ。アクティベーションを（したがってアクティベーションサーバーを）必要とする商用ツールチェインは、開発が継続されていなければ、現在の世代のオペレーティングシステムやPC上での動作が保証できないかもしれない。

　組み込み開発の初心者は、この点を見過ごしがちだ。組み込みデバイスは10年や20年、あるいはそれ以上の寿命を持つことも珍しくない。これはほとんどのソフトウェアパッケージの寿命を大きく上回る。現在お使いの商用ツールや開発環境は10年後には存在しないかもしれないし、また何年も前に大きな投資を行ったが廃番となってしまった製品を将来アクティベートしてくれるベンダーは存在しないかもしれない。GCCは、このような問題が起こらないことを保証してくれる。ファームウェアのコードと一緒に、ライブラリの依存関係を含めてクロスコンパイラの完全なソースコードをアーカイブしておけば、将来のどの時点でもすべてをリビルドできるからだ。

　Linux PC以外でGNUツールチェインを設定することは、かつてはかなり面倒なタスクだった。しかしARMはWindowsやOS X、そしてLinux向けにコンパイル済みのGCCを定期的にアップデートし、煩雑な作業の多くを肩代わりしてくれる使いやすいインストーラーを含めて提供してくれているので、今ではとても簡単にできるようになっている。

　ARM向けの開発環境を設定する第1段階は、最新のビルド済みGNUツールチェインのダウンロードだ（https://launchpad.net/gcc-arm-embedded）。図10-1に示すように、OS XやWindows、そしてLinux用の便利なインストーラーがダウンロードでき、またその他のプラットフォーム上でツールチェインを自分でビルドするためのソースコードと手引きも入手できる。

　ウェブサイト上で入手できる最新のバージョンはさまざまかもしれないが、一般的には最新のパッケージを選択するのが良いだろう。ARMは四半期ごとに更新を行っており、この際にコンパイラや関連ライブラリに改善が行われて、より小さい、あるいはより効率的なコンパイル済みコードが生成できるようになっていることが多いからだ。

OS XやLinuxへGNUツールをインストールする

　OS XやLinuxをお使いなら、単純に適切なインストーラーをダウンロードして実行するだけでよい。その他の開発ツール（makeやmakefile中で使われるさまざまなコマンドなど）は、開発マシン上ですでに利用できるようになっている可能性が高いし、そうでない場合も追加するのは簡単だ（OS XではXcodeを、Linuxではパッケージマネージャーを使う）。

　以下のコマンドを使って、GCCクロスコンパイラのインストールが成功したかどうかを確認できる。

```
arm-none-eabi-gcc --version
```

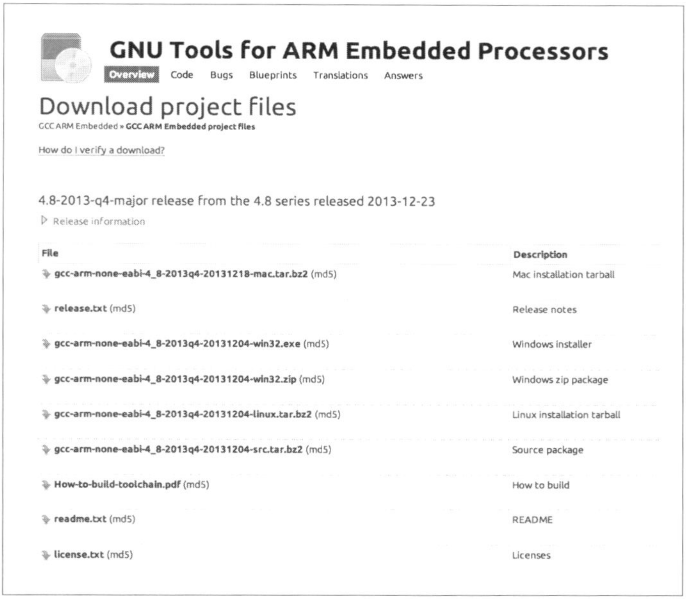

図10-1 ARM組み込みプロセッサ用のGNUツールチェインのダウンロードオプション

以下のような応答があるはずだ。

```
arm-none-eabi-gcc (GNU Tools for ARM Embedded Processors) 4.8.3 20131129 (release)
[ARM/embedded-4_8-branch revision 205641]
Copyright (C) 2013 Free Software Foundation, Inc.
This is free software; see the source for copying conditions. There is NO
warranty; not even for MERCHANTABILITY or FITNESS FOR A PARTICULAR PURPOSE.
```

このような出力が表示されたら、クロスコンパイラのインストールが成功し、開発マシン上でARMバイナリを生成できることがわかる。

WindowsへGNUツールをインストールする

開発にWindowsマシンをお使いの場合、適切なWindowsインストーラーをダウンロードして、他のインストールパッケージと同様に実行する必要がある。

インストール後のオプションで、「Add path to environment variable」を忘れずに選択するようにしてほしい（図10-2に示すように）。これによってツールチェインはどこからでもアクセスできるようになり、複数のフォルダやファイル置場を使っている場合の取り扱いが簡単になる。

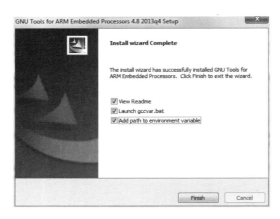

図10-2 どこからでもツールチェインへアクセスできるように、環境変数へパスを追加する

先ほど示したOS XやLinuxと同様に、設定がすべてうまく行っていれば、コマンドプロンプトを開いて以下のコマンドを入力し、インストールされたGNUツールチェインのバージョンが確認できる。

```
arm-none-eabi-gcc --version
```

LinuxやOS Xと違ってWindowsには通常、ファイルやディレクトリを操作するための多数の*nixコマンド（lsやcp）など、GNUツールチェインが一般的に必要とする追加的なコマンドラインツールの一部が含まれていない。幸い、Windowsへこれらのツールをインストールするのは簡単だ。GNUのCoreUtils for Windows（http://gnuwin32.sourceforge.net/packages/coreutils.htm）を使えば、必要なすべてのファイル操作コマンドのコンパイル済みのバージョンが追加される。

完全な（ソースコードを除く）CoreUtils for Windowsパッケージをダウンロードし、インストーラーを起動してほしい。
　また、makeも必要だ。これは、ソースコードをnRF51822上で動作可能な実行形式へ変換するコンパイル処理をコントロールするために使われる。GNU CoreUtils for Windowsをインストールした後に、Make for Windows（http://gnuwin32.sourceforge.net/packages/make.htm）をダウンロードしてインストールしてほしい。
　makeのインストールが成功したかどうかをテストするには、コマンドプロンプトを開いて以下のコマンドを入力する。バージョン番号が返ってくるはずだ。

```
make --version
```

　これらのツールが両方ともインストールできたら、開発PC上でARMのコードをクロスコンパイルするために必要なものはすべてそろったことになる。それでは、nRF51822のコードベースとサンプルプロジェクトの説明を始めていこう。

nRF51822のGNUコードベースとサンプルプロジェクト

　先ほどのセクションで構成したARMツールチェインを使えば、実質的にどんなARMプロセッサを使った組み込みデバイスのバイナリもビルドできる。しかし現実世界の低レベル組み込み開発とはどういうものかを理解してもらうため、以下のシンプルなプロジェクトはNordicのnRF51822-EK（082ページの「nRF51822-EK（Nordic Semiconductors）」を参照）をベースとして、GCCとオープンソースのツールを利用するよう設計してある。他の組み込みプロセッサにもこれと同じ原則と設計プロセスは当てはまるが、ARM以外のマイクロコントローラやSoCで開発を行うためにはシリコンベンダーから（あるいはオンラインで）起動用のコードとツールを提供してもらう必要があるだろう。
　このコードベースは完全なものではないが、読者が自分のプロジェクトを始める際には十分役立つだろう。さまざまなプラットフォーム（WindowsやOS X、あるいはLinux）上でファームウェアをコンパイルする方法と、わかりやすく維持管理しやすい基本的なプロジェクトの構造が、理解できるはずだ。

> nRF51822のGNUコードベースは、この本の他のサンプルコードと同様に、この本のGitHubリポジトリ（https://github.com/microbuilder/IntroToBLE）に置いてある。この本が刊行された後に情報が追加されているかもしれないので、このリポジトリを参照して最新のコードとコードベースの使い方についての追加情報をチェックしてほしい。

NordicのAPIとBLEスタックの詳細について完全な説明を行うことはこの章の範囲を超えるし、それだけで本が1冊書けるほどの内容だが、サンプルコードはなるべく小さく、明確に、正確に、そして理解しやすくするよう筆者らは意識的な努力を払った。以下のセクションでは、このコードベースを使うために必要なものすべてをPCにセットアップする方法を説明し、簡単にインストールできるツールを使ってシンプルな心拍数モニタープロジェクト（https://github.com/microbuilder/IntroToBLE/tree/master/nRF51822/projects/hrm）をビルドする。

nRF51822のGNUコードベースを入手する

nRF51822のGNUコードベース(https://github.com/microbuilder/IntroToBLE/tree/master/nRF51822)は、この本の他のサンプルコードすべてと同様に、この本のGitHubリポジトリ(https://github.com/microbuilder/IntroToBLE)から入手できる。

LinuxやOS Xをお使いの場合には、おそらくすでにGitがコマンドラインから利用できるようになっているはずだ。リポジトリのローカルなコピーを作成し、コードベースが変更された際に更新できるようにするには、以下のコマンドを入力すればよい。

```
git clone git@github.com:microbuilder/IntroToBLE.git
```

コードの最新バージョンを入手するには、プロジェクトのルートフォルダへ移動して、以下のコマンドを入力する。

```
git pull
```

Windowをお使いの場合には、msysgit(http://msysgit.github.io/)などのコンパイル済みバイナリからGitをインストールし、先ほどのコマンドを実行すればよい。

Gitを使わず、バージョンコントロールも一切必要ないという人は、GitHubリポジトリ（https://github.com/microbuilder/IntroToBLE）の「Download ZIP」をクリックして最新のコードのアーカイブをダウンロードすることもできる。

nRF51822 GNUコードベースの構造

nRF51822コードベースをローカルにコピーすると、図10-3に示すようなファイル構造になっているはずだ。

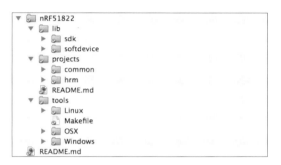

図10-3 nRF51822コードベースの基本ファイル構造

projectsフォルダには、サンプルプロジェクトが入っている。このコードベースに基づいて新しいプロジェクトを作成する場合には、そのプロジェクトを説明するような名前の新しいフォルダをここに追加してほしい。新しいプロジェクトの参考になるよう、hrmフォルダの中にサンプルの心拍数モニタープロジェクトを入れておいた。このプロジェクトは、Bluetooth SIGによって定義された標準心拍数サービス（https://developer.bluetooth.org/TechnologyOverview/Pages/HRP.aspx）を実装するものだ。

toolsフォルダは、開発に使用するOS依存のツールを入れておくための場所だ。ここにツールを置いておけば、確実にバージョンコントロールシステムの制御下へ置かれるので、将来いつでも利用できることが保証される。GNUツールチェーンのバイナリもここに追加しておくのが良いかもしれない。何か月も、あるいは何年も経ってから、ファームウェアをビルドする際に利用するバージョンに関してあいまいさが生じることが避けられ、デバッグが容易となるからだ。

libディレクトリには、SDKやSoftDeviceなどNordic固有のファイルを置いてほしい。これらのファイルはNordicのウェブサイトから直接ダウンロードする必要がある。ライセンス上の問題のため、リポジトリにこれらを含めることができなかったためだ。

nRF51822用のSDKや適切なSoftDeviceをNordic Semiconductorのウェブサイト（http://www.nordicsemi.com/）からダウンロードするには、MyPageアカウントを作成し、お手持ちのnRF51822-EKのパッケージに印刷されたプロダクトキーを登録する必要がある。このプロダクトキーで、このチップセットのために利用可能なすべてのリソースへアクセスできるので、将来必要になった場合のために安全な場所に保管しておくこと。

ファイルをダウンロードしたら、図10-4に示すようなフォルダ構造でlibディレクトリに追加しよう。

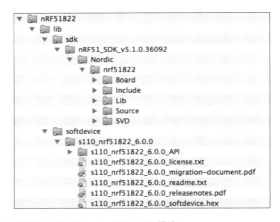

図10-4 NordicのSDKとSoftDeviceのファイル構造

これらのファイルを取り込んでプロジェクトを更新したら、最初のプログラムをコンパイルする準備は完了だ。

プロジェクトをコンパイルする

ARMクロスコンパイラと関連ツールを含む、GNUツールチェインを適切に設定してあれば（この章ですでに説明したように）、コンパイルは簡単だ。コマンドプロンプトを開き、適切なプロジェクトフォルダへ移動し（例えばprojects/hrm）、以下のコマンドを実行すればよい。

こうすると、makeユーティリティはmakefileの解釈を始める。makefileは、フォルダ内のソースコードをターゲットハードウェア上で実行可能なバイナリイメージへ変換するための方法を、正確にコンパイラやツールチェインへ伝えてくれる。makeは makefileインタープリタを起動し、cleanは以前ビルドした出力ファイルがあれば削除して、クリーンな状態からクロスコンパイルを開始するようmakeに指示し、そしてreleaseは未使用のコードや余分なデバッグ情報を削除して製品用にコードを最適化することをmakeに指示している。

これがデバッグビルドであればmake clean debugと入力することもできるが、より大きな実行可能バイナリコードが作成されることになる。このバイナリデータにはデバッグ情報が含まれ、また未使用のコードも普通は削除されないからだ。

すべてが正しく設定されていれば、コマンドラインには図10-5のような結果が表示されるはずだ。

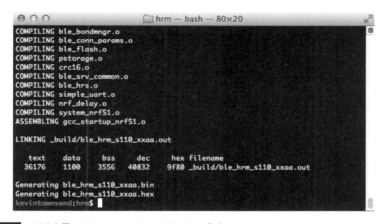

図10-5 GCCを用いたクロスコンパイルとリンクの成功

これは、すべての.cファイルがオブジェクトコード（拡張子.oを持つファイル）へ変換され、これらすべてのオブジェクトコードがアセンブルされ、そしてリンカによってすべてのデータが1つのファイル（この例ではble_hrm_s110_xxaa.out）にマージされたことを示している。

以下の値は、コンパイルされ、アセンブルされ、そしてリンクされたコードが占める空間の大きさを示すサイズ（バイト数）だ。

- text
  フラッシュメモリへ格納されるデータの量。これには実行可能な命令と読み出しのみのデータが含まれる。このセクションに含まれるものはすべて、フラッシュメモリへ書き込まれる。

- data
  初期化されるデータ、つまり起動時に特定の値が代入されている変数（たとえば、int16_t i = 1023は特定の値に初期化される）によって使われる空間の大きさ。このセクションに含まれるものはすべて、フラッシュメモリへ保存されてからSRAMへコピーされる。大部分の小規模なマイクロコントローラーでは普通、SRAMは貴重なリソースだ。

- bss
  初期化されないデータ、つまり値が代入されていない変数（たとえば、int16_t iには値が代入されない）によって使われる空間の大きさ。このセクションの含まれるものはすべて、SRAMへ割り付けられる。

- dec
  フラッシュメモリとSRAM両方を合わせた、すべてのデータの合計サイズ。

最後の2行は、arm-none-eabi-objcopyという便利なツールからの出力だ。このツールは.outファイルを、サードパーティーツールの取り扱いに適した他のファイルフォーマット（Intel Hexなど）へ変換してくれる。Intel Hexは、組み込みシステムの開発に使われる一般的なファイルフォーマットだ。

nRF51822へ書き込む

nRF51822-EKの開発ボード上の不揮発性メモリへプログラムのコードを書き込むには、NordicのnRFGo Studioユーティリティを使うことができる。これは、(165ページの「nRF51822 GNUコードベースの構造」で) SDKやSoftDeviceをダウンロードしたのと同じNordicのMyPagesセクションから入手できる。

現在のところ nRFGo Studio は Windows 専用のツールだが、Roland King が rknrfgo（http://sourceforge.net/projects/rknrfgo/）という名前の OS X 用の代替ツールを作成している。この非公式アプリケーションは nRFGo Studio の提供する機能のサブセットを実装したもので、使いやすい GUI を利用して nRF51822 上のフラッシュメモリへ書き込みを行うことができる。

また、Segger の J-Link drivers（https://www.segger.com/jlink-software.html）と関連ツールを使って、Windows や OS X、あるいは Linux 上のコマンドラインから直接 nRF51822 上のフラッシュメモリへ書き込みを行うこともできる。J-Link 関連の文書や使い方の例は、Segger のウェブサイト（https://www.segger.com/index.html）から入手可能だ。

開発ボードを最初に使用する際には、まず SoftDevice の．hex ファイルをフラッシュへ書き込む必要がある。これによって、デバイス上のフラッシュメモリの下半分へ Nordic の BLE スタックが書き込まれる。これを行うには、SoftDevice の．hex ファイル（SoftDevice パッケージの一部として Nordic のウェブサイトからダウンロードしてあるはずだ）を見つけて、図10-6に示すように nRFGo Studio の Program SoftDevice タブの中でそれを選択する。

図10-6 nRFGo Studio を利用して nRF51822 へ SoftDevice を書き込む

通常、SoftDevice は一度だけ書き込む必要がある（別のバージョンへアップデートしたい場合を除いて）。ユーザーコードはプログラムに変更を行うたびに更新する必要があるが、このユーザーコードは SoftDevice へ影響しない。これらはフラッシュの別個の領域に保存されているからだ。

SoftDeviceが書き込まれたら、カスタムアプリケーションコードをメモリの上半分へ書き込むことができる。これには、同じnRFGo Studioを使い、図10-7に示すようにProgram Applicationタブへ移って、先ほど作成した．hexファイルを指定する。
　この時点でアプリケーションコードはnRF51822 SoCへ書き込まれ、自動的に実行が開始されているはずだ。このアプリケーションコードはBLE特有の機能について低レベルのSoftDeviceを呼び出すことができるはずなので、すべてがうまく行っていれば、PCA 10001開発ボード上のLED0が点滅するはずだ。
　コンパイルしたコードは、BLE対応の携帯電話やタブレット上でアプリケーションを動作させてテストすることができる。まず、NordicのnRFユーティリティをAppleのApp Store（https://itunes.apple.com/us/app/nrfready-utility/id497679111?mt=8）か、Google Play(https://play.google.com/store/apps/details?id=no.nordicsemi.android.nrftoolbox)からダウンロードする。アプリをインストールした後、メインメニューからHRMを選択してConnectをクリックすれば、図10-8のように表示されるはずだ。

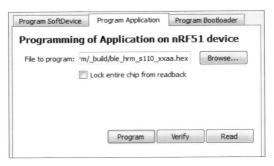

図10-7　nRFGo Studioを使ってアプリケーションコードをnRF51822へ書き込む

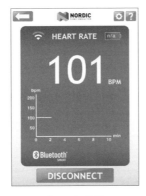

図10-8　NordicのnRFユーティリティを使って心拍数モニターデータを見る

nRF51822とアプリケーションコードが無線で送信しているデータそのものを見たい場合や、何かうまく行ってないように思える場合には、6章で説明したデバッグツールを使うこともできる。

さらに先へ

組み込み開発の範囲は広大であり、さまざまな分野と関連している。無線信号の伝播やアンテナの設計には物理学が、ハードウェアの設計と部品の選択には電子工学が、ケースと製品全体の開発には機械工学と工業デザインが、ファームウェアには組み込みソフトウェア開発が、部品の調達とハードウェアの組み立てには製造の知識が、そして製品をお客様に満足して使ってもらうためには効果的なテストと検証の戦略が必要とされる。

このチュートリアルで説明したのはファームウェア設計を中心とした組み込み開発のほんの一部だが、自分で組み込みハードウェアを設計し開発することに興味を持っていただけたなら、技術的バックグラウンドがどうあろうと、今がそれに取り掛かる絶好の機会だろう。コストは下がってきているし、ハードウェアとファームウェアの両方についての設計情報や製造ノウハウはこれまでにないほど入手しやすくなっているし、これらの技術を取り巻くオンラインのエコシステムが存在しているからだ。

組み込み開発を続けて行くことに関心があれば、Adafruit(http://www.adafruit.com/)やMake(http://makezine.com/)などここ数年で草の根から育ってきたオープンソースのハードウェアコミュニティや、新しいプロジェクトを日替わりで紹介しているHackaday(http://hackaday.com/)などのサイトをぜひ見にいってほしい。このようなコミュニティは、自分の頭の中でアイデアを温めたり、今までなじみのなかったアイデアや技術に触れたりするために、きっと役立つはずだ。

Nordic Semiconductorでも、参考になるNordic Developer Zone(https://devzone.nordicsemi.com/questions/)というフォーラムを運営している。このチップセットを使う際、よくある質問への答えを探すにはぴったりの場所だ。

付録

Bluetoothコア規格
バージョン4.2での変更点

――水原 文

2014年12月にBluetooth SIGからBluetooth Core Specification 4.2とCore Specification Supplement(CSS)v5がリリースされた。ここでは、規格の変更点と今後の見通しについて、訳者の私見を交えながら解説する。

なお、すべての情報は2015年1月16日時点のものであり、その後変更されている可能性があることに注意されたい。

IPv6への対応

これまでBluetooth Low Energy対応機器がインターネットへ接続するためにはプロトコル変換を行うゲートウェイの助けを借りる必要があったが、BLE上でIPv6の通信をサポートしてBLEデバイスが直接インターネットへ接続できるようにしようという動きが進んでいる。これが実現すれば、いわゆるIoT(Internet of Things、モノのインターネット)へのBLEの採用に弾みがつくと期待される。

BLE上でIPv6をサポートするにはいろいろと難しい課題がある。中でも大きな問題は、IPv6では1280バイトのMTU(076ページの「MTU交換」を参照)が要求される一方で、BLEでは最大パケット長が27バイト(下記のLE Data Packet Length Extensionを採用しても251バイト)であること。これを解決するには、ヘッダ圧縮やフラグメント化といった手段が必要とされる。Bluetooth.orgが2014年12月に採択したプロファイルIPSP(https://www.bluetooth.org/docman/handlers/DownloadDoc.ashx?doc_id=296307)によれば、L2CAPのLE Credit Based Flow Control Mode(028ページの「論理リンク制御およびアダプテーションプロトコル(L2CAP)」を参照)を利用して、IPv6フレームをBLEパケットに分割して送信することになるようだ。Bluetooth.orgのコア規格4.2紹介ページ(http://www.bluetooth.com/SiteCollectionDocuments/4-2/bluetooth4-2.aspx#connect)には「2015年初頭にインターネットへの接続性が提供される」とあるが、現実には2014年末にnRF51 IoT SDK (http://www.nordicsemi.com/eng/Products/Bluetooth-Smart-Bluetooth-low-energy/nRF51-IoT-SDK)という、nRF51シリーズのSoC上で実行可能なIPv6 over BLEプロトコルスタックがNordic Semiconductorから公開されて

いる(プレスリリース:https://www.nordicsemi.com/jpn/node_206/node_305/Product-Related-News/Nordic-Semiconductor-nRF51-SoC-IPv6-over-Bluetooth-Smart-IoT)。

　実はIETF(インターネット技術の標準化団体)での標準化は現在進行中であり、文書「Transmission of IPv6 Packets over BLUETOOTH(R) Low Energy (https://datatracker.ietf.org/doc/draft-ietf-6lo-btle/)」はまだInternet Draft(草案)の段階だ。つまり、IPv6 over BLEの通信方式については未確定の部分があり、今後変更される可能性があることには注意しておく必要があるだろう。

性能の向上

　性能に関して最大の改善点は、コネクション確立後のネゴシエーションによってリンク層のパケットの長さが拡張できるようになったことだ(LE Data Packet Length Extension)。バージョン4.1まではコネクションパケットのリンク層での最大ペイロード長が27バイトに固定されていたが(025ページの「コネクション」を参照)、データ長更新手順(Data Length Update Procedure)を使ってこれを最大251バイトまで拡張できるようになった(Bluetooth Core Specification 4.2 Vol 6, Part B Section 4.5.10および5.1.9)。拡張可能とはいえデフォルトは27バイトのままであり、またアドバタイズパケットのペイロード長には変更がない点には注意してほしい。これによって通信速度は最大で2.5倍向上する(http://www.bluetooth.com/SiteCollectionDocuments/4-2/bluetooth4-2.aspx#faster)とのことだが、1Mbpsというビットレートの上限はそのままだ。さらに、パケットサイズの拡張にはハードウェア側の対応も必要となるため、既存のBLEデバイスでこの恩恵にあずかることは難しいかもしれない。

　もう一点、後で説明するLink Layer Privacyによって一定の条件下で消費電力の低減が見込めることも、広い意味での性能向上とみなすことができるだろう。

　これ以外にもBluetooth SIGではBLEのビットレートや到達距離の向上なども検討していたらしいが、バージョン4.2には盛り込まれていない。

セキュリティの強化

以下の3点でセキュリティが強化された。

セキュアなペアリング（LE Secure Connections）

セキュリティマネージャに、よりセキュアなペアリング（033ページの「セキュリティ手順」を参照）を行うためのLE Secure Connectionsプロセスが追加された（Bluetooth Core Specification 4.2 Vol 3, Part C Section 10およびPart H）。これはP-256楕円曲線暗号を利用し、盗聴者が存在する場合であってもセキュリティを確保できるもので、ペアリングのフェーズ2でSTK（短期鍵）ではなくLTK（長期鍵）が生成される。また、セキュアなペアリングのみを受け付けるLEセキュリティモード1レベル4が新設された。

リンク層でのプライバシー機能（Link Layer Privacy）

リンク層でのプライバシー機能（053ページを参照）が追加された（Bluetooth Core Specification 4.2 Vol 6, Part B Section 6）。これはホストではなくコントローラーでプライベートアドレスの解決を行うため、解決済みアドレスでホワイトリストとの突き合せができるようになり、デバイスのフィルタリングが可能となる。バージョン4.1ではプライベートアドレス（定期的に変更される）を解決できるのはホストだけだったので、コントローラーでのフィルタリングをオフにしてすべてのアドレスをホストに処理してもらう必要があり、このため電力消費量が増えるという懸念があった。

拡張スキャナフィルターポリシーの追加（Link Layer Extended Scanner Filter Policies）

スキャナの使用するフィルターポリシーに拡張モードが定義された（Bluetooth Core Specification 4.2 Vol 6, Part B Section 4.3.3）。これは通常のモードとはADV_DIRECT_INDアドバタイズパケット（コネクション可能な有向パケット、025ページの表2-1を参照）の扱いが異なり、宛先がスキャナのデバイスアドレスでなくても、それが解決可能プライベートアドレス（一部がランダムに生成される）の場合には無視されない。この機能のないバージョン4.1では、ADV_DIRECT_INDの宛先として解決可能プライベートアドレスが実質的に使えず、パブリックまたはスタティックアドレスを使う必要があったため、デバイスが追跡されるおそれがあった。

Bluetooth Core Specification 4.2 Quick Reference Guide（https://www.bluetooth.org/en-us/Documents/Bluetooth4-2QuickRefGuide.pdf）を見ると、上記の2つ（Link Layer PrivacyとLink Layer Extended Scanner Filter Policies）を合わせてLE Privacy 1.2と呼んでいるようだ。

索引
Index

[A]
AD Types ········· 054
Android ········· 102, 105-131
　Android library of APIs to interact with iBeacon ········· 151
　AndroidManifest.xml ········· 110
　ADT ········· 106
　BleNamesResolver ········· 121
　BleWrapper ········· 112
　iBeacon ········· 151
　onDescriptionWrite() ········· 130
　uiAvailableServices() ········· 121
　uiDeviceDisconnected() ········· 116
　ハードウェアを構成 ········· 107
　リモートデバイスとのコネクション ········· 116
　リモートデバイスとの通信 ········· 121
Apple ········· 001, 133
Apple 通知センターサービス ········· 133, 151
ARM プロセッサ ········· 157
ATT 操作 ········· 030

[B]
BL600 モジュール ········· 089
BLE ········· 001
BLE112 Bluetooth Low Energy board ········· 135
BLE112 モジュール ········· 090, 134, 148
Bluegiga ········· 090, 134
Bluetooth Application Accelerator ········· 099, 106
Bluetooth Developer Portal ········· 099
Bluetooth Low Energy ········· 001
　規格 ········· 003
Bluetooth Smart ········· 001

Bluetooth Special Interest Group ········· 001
Bluetooth デバイスアドレス ········· 021, 035
Bluez ········· 098
BR/EDR ········· 004

[C]
CC2540EMK-USB ········· 096
CC2541DK-MINI ········· 087
CCCD ········· 069
CSRK ········· 035

[E]
Eclipse Android Development Tools ········· 106

[F]
Flags AD ········· 044

[G]
GAP ········· 014, 037, 039-056
GATT ········· 014, 037, 057-082
gatttool ········· 098
GATT 機能 ········· 076
GATT サービス ········· 082
GATT 定義ディスクリプタ ········· 069
GCC ········· 159
GNU ツールのインストール ········· 160
Google Nexus 7 ········· 105

[H]
HCI ········· 005, 028
hcitool ········· 098

[I]
iBeacon ……………………………… 133, 144
　Android ……………………………… 151
　アドバタイズ ………………………… 145
　アプリの実装 ………………………… 148
iOS ……………………………… 101, 133-156
　CBCentralManager ………… 133, 136
　CBPeripheral ………………… 133, 136
　CLBeacon ………………………… 149
　CLBeaconRegion ………………… 147
　connectPeripheral ……………… 138
　Core Bluetooth フレームワーク
　　　……………………………… 133, 136
　Core Location …………………… 144
　didUpdateValue:forCharacteristic:
　　　…………………………………… 142
　discoverCharacteristics ……… 140
　readValue:forCharacteristic:
　　　……………………………… 140, 141
　scanForPeripheralsWithServices
　　　…………………………………… 138
　setNotifyValue:forCharacteristic:
　　　…………………………………… 141
　UUIDWithString ………………… 137
　リモートペリフェラルとのコネクション … 138
　リモートペリフェラルのスキャン ……… 137
IPv6 ………………………………………… 173
IRK ………………………………………… 035

[J]
J-Link drivers ………………………… 169

[L]
L2CAP …………………………………… 028
Laid ……………………………………… 089
LightBlue ……………………………… 101
Linux
　GNU ツールのインストール ………… 160
Locate for iBeacon App …… 146, 147
LTK ……………………………………… 035

[M]
MacBeacon …………………………… 146
Master Control Panel ………… → MCP
mbed …………………………………… 157
　BLE API ……………………………… 158
MCP ………………………………… 091, 102
MTU 交換 ……………………………… 076

[N]
Nordic Semiconductors
　　　…………………………… 083, 091, 168
nRF51822-EK ……… 083, 091, 095, 163
　スループット …………………………… 007
　使い方 ………………………………… 085
nRF51 ファミリー ……………………… 083
nRFgo Studio ユーティリティ ……… 168

[O]
OSX
　GNU ツールのインストール ………… 160

[P]
PCA10000 ……………………… 091, 095
PCA10001 …………………………… 095
PHY ……………………………………… 018

177

[R]
Radius Networks ······························ 146, 147
RFDuino ·· 090
rknrfgo ·· 169

[S]
SensorTag ······································· 100, 105
Service Changed 特性 ·························· 082
SM ··· 032, 049
SmartRF ·· 096
SmartRFtoPcap ······························· 097
SoC ··· 005
SoftDevice ··· 084
STK ··· 034

[T]
Texas Instruments
································· 087, 096, 100, 105

[U]
UUID ··· 060
uVision ·· 086

[W]
Wibree ··· 001
Windows
　GNUツールのインストール ············ 162
Wireshark ······························· 095, 097

[あ 行]
アウトオブバンド ································ 034
アクセスパーミッション ··························· 061
アクティブスキャン ································ 023
アドバタイザ ··· 021

アドバタイズデータのフォーマット ········ 054
アドバタイズパケット ············· 010, 022
アトリビュート ·· 059
　〜とデータの階層構造 ············ 063
　値 ·· 062
　キャッシュ ··· 074
　タイプ ·· 060
アトリビュート・プロトコル ············ → ATT
アトリビュートハンドル ························ 029
アドレス可能 ··· 059
アドレス種別 ····························· 035, 049
アピアランス特性 ································· 056
アプリケーション ···················· 005, 017
暗号化 ································· 027, 035, 061
暗号化再確立 ······································· 033
暗号化情報 ·· 035
暗号化手順 ·· 053
一般検索可能モード ····························· 045
一般検索手順 ······································· 045
一般コネクション確立手順 ············ 047
イニシエータ ··· 032
インクルード宣言 ································· 065
インクルード定義 ································· 065
エラー応答ATTパケット ············ 081
オブザーバー ····················· 010, 040, 043

[か 行]
解決可能プライベートアドレス ············ 050
解決不能プライベートアドレス ············ 050
ガウシャン周波数シフトキーイング ········ 019
拡張プロパティディスクリプタ ············ 069
クライアント ··· 057
クライアント特性構成ディスクリプタ ············ 069
クラシックBluetooth ····························· 003

クロスコンパイラ	159	心拍数サービス	071
検索	044	心拍数モニター	164
検索可能性	044	スキャナ	021
検索手順	045	スキャナビリティ	025
検索不可モード	044	スキャン応答	010
コネクション	009, 011, 025	スタティックアドレス	050
コネクション確率手順	047	スループット	007
コネクション確率モード	046	スレーブ	011, 021
コネクション間隔	026	スレーブレイテンシ	026
コネクション監視タイムアウト	026	制限検索可能モード	044
コネクションパラメータ	026	制限検索手順	045
コネクションパラメータ更新手順	048	セカンダリーサービス	065
コネクション不可モード	046	セキュリティ	027, 040, 049, 081
コネクション有向手順	048	セキュリティ・マネージャ	→SM
コネクタビリティ	025	セキュリティ手順	033
コントローラー	005, 017	セキュリティモード	051
		セキュリティ要求	032
		選択コネクション確立手順	047
[さ 行]		セントラル	011, 041
サーバー	058	送信電力	009
サーバー手動更新	080		
サーバー主導操作	032	[た 行]	
サービス	012, 037, 064	短期鍵	034
サービス宣言	064	中間者攻撃	034
サービス定義	064	長期鍵	035
サービスと特性の検索	076	ツールチェイン	159
サービス要求	081	ディスクリプタ	068
識別アドレス情報	035	ディレクタビリティ	025
識別解決鍵	035	データパケット	022
識別情報	035	手順(GAP)	039, 042
自動コネクション確率手順	047	デバイス名	048
周波数ホッピング・スペクトラム拡散	019	デバイス名特性	056
署名	035	デバッグ	091
署名情報	035	デュアルIC	006
シングルモードデバイス	004		

デュアルモードデバイス	004	パケット	022
到達距離	009	パスキー表示	034
特性	012, 037	パッシブスキャン	023
特性 UUID	068	パブリックデバイスアドレス	021
特性検索	077	ハンドル	059
特性宣言	066	ハンドル値確認パケット	080
特性値	066	ハンドル値通告パケット	080
〜の書き込み	125	ハンドル値通知 ATT パケット	080
〜の読み出し	124	ハンドル範囲	060
特性値アトリビュート	068	汎用アクセス・プロファイル	→ GAP
特性値通告	080, 082	汎用アトリビュート・プロファイル	→ GATT
特性値通知	080	汎用プロファイル	014
特性値ハンドル	068	ビーコン領域	147
特性定義	066	不十分な暗号化	081
特性提示フォーマットディスクリプタ	071	不十分な認証	081
特性ディスクリプタ宣言	068	物理層	018
特性ディスクリプタ	068	プライバシー	035
特性とディスクリプタ		プライバシー機能	053
書き込み	079	プライマリーサービス	065
読み出し	078	プライマリサービス検索	076
特性プロパティ	067	ブロードキャスター	010, 040, 043
特性ユーザー記述ディスクリプタ	069	ブロードキャスト	009
トポロジー	009	プロトコル	013, 017
		プロファイル	013
[な 行]		Find Me プロファイル	015
名前検索手順	048	HID over GATT プロファイル	015
認可	061	近接プロファイル	015
認可手順	053	自転車の速度とケイデンスプロファイル	
認証	050		015
認証手順	053	体温計プロファイル	015
		ブドウ糖プロファイル	015
[は 行]		プロファイルまたはベンダー定義ディスクリプタ	
ハードウェア構成	006		069
パーミッション	060	ペアリング	033

～のアルゴリズム ……………………… 034
ペリフェラル ………………… 011, 041, 083
ペリフェラル推奨コネクションパラメータ特性
　……………………………………………… 056
ホスト ……………………………… 005, 017
ホスト・コントローラー・インタフェース
　……………………………………… → HCI
ホップ数 …………………………………… 019
ホワイトリスト …………………………… 026
ボンディング ………………………… 033, 036
ボンディング可能モード ………………… 052
ボンディング手順モード ………………… 052
ボンディング不可モード ………………… 052

[ま 行]

マスター …………………………… 011, 021
マスター識別情報 ………………………… 035
見通し距離 ………………………………… 009
無向コネクション可能モード …………… 046
メタデータ …………………… 037, 059, 068
モード（GAP）………………………… 039, 042

[や 行]

役割（GAP）…………………………… 039, 040
役割（GATT）…………………………… 057
有向コネクション確立手順 ……………… 047
有向コネクション可能モード …………… 046
ユニバーサル固有識別子 ………… → UUID

[ら 行]

ランダムデバイスアドレス ……………… 021
リード・モディファイ・ライト操作 …… 123
リンク層 …………………………………… 020
レスポンダ ………………………………… 032

レンジング ………………………………… 147
論理リンク制御および
アダプテーションプロトコル ……… → L2CAP

181

[著者紹介]

Kevin Townsend（ケヴィン・タウンゼンド）

Kevin TownsendはARM Cortex-Mファミリのマイクロプロセッサを使用した組み込み設計と開発の専門家であり、低電力消費ワイヤレス通信に長年関心を抱いてきた。彼はAdafruit Industriesの主任技術者としてオープンハードウェアの世界で活発に活動しており、組み込みの世界の興味深い技術を別の分野の専門家に引き合わせ、技術が目に見えなくなった時に生まれる興味深いソリューションを見届ける仕事をしている。

Carles Cufí（カルレス・カフィ）

Carles Cufíは2000年からBluetoothに関わってきた。パリのParrot社で最初に出会ったのは規格のバージョン1.0で、彼は商用製品に搭載されて出荷される最初のプロトコルスタックのひとつを作り上げ、それ以来Bluetoothデバイスとシステムの開発と実装に携わっている。現在Nordic Semiconductorの従業員であり、nRF51ファミリICを利用する開発者へ提供されるBluetooth Low Energy APIの責任者を務めている。

Akiba（アキバ）

Akibaは2003年以来ワイヤレスセンサーネットワークに取り組んでいる。彼はオープンソースのZigbeeプロトコルスタックFreakZや、オープンソースの802.15.4プロトコルスタックChibiを作成した。慶應義塾大学のインターネットと社会研究グループの研究者であり、また国連の設計コンサルタントでもある。彼の専門と興味は、センサーネットワークを利用して環境モニタリングを行うことにある。現在オープンソースのワイヤレス企業であるFreakLabsを運営しており、日本の郊外にあるHackerfarmと呼ばれるハッカースペースで働いている。

Robert Davidson（ロバート・デイヴィッドソン）

Robert Davidsonは、自分の技術に関する知識を人々の現実の問題の解決に役立てることに情熱を注いでいる。特に彼が気に入っているのは、センサーを使って物理世界をコンピューターやインターネットと接続するアプリケーションだ。Ambient Sensorsというセンサーとワイヤレスセンサーネットワークに特化した会社を運営しており、またベンチャー企業を発展させることに強い関心を持っている（またそれを証明するだけの傷も負っている）。自分の興味と専門知識を他の人たちと分かち合うことが好きだ。

［訳者紹介］

水原 文（みずはら ぶん）

技術者として情報通信機器メーカーや通信キャリアなどに勤務した後、フリーの翻訳者となる。訳書に『「もの」はどのようにつくられているのか?』『Cooking for Geeks』、『Raspberry Piクックブック』（ともにオライリー・ジャパン）、『1秒でわかる世界の「今」』『ビッグクエスチョンズ 宇宙』（ディスカヴァー・トゥエンティワン）など。趣味は浅く広く、フランス車（シトロエン）、カードゲーム（コントラクトブリッジ）、茶道（表千家）など。ブリッジのパートナーとお茶の弟子を募集中。日夜 Twitter（@bmizuhara）に没頭している。

Bluetooth Low Energy
をはじめよう

2015年 2月25日　初版第1刷発行
2022年 9月 8日　初版第6刷発行

著者：　　　Kevin Townsend（ケヴィン・タウンゼンド）、Carles Cufí（カルレス・カフィ）、
　　　　　　Akiba（アキバ）、Robert Davidson（ロバート・デイヴィッドソン）
訳者：　　　水原 文（みずはら ぶん）
発行人：　　ティム・オライリー
印刷・製本：日経印刷株式会社
編集協力：　大内 孝子
デザイン：　中西 要介
カバーイラスト：STOMACHACHE.
発行所：　　株式会社オライリー・ジャパン
　　　　　　〒160-0002　東京都新宿区四谷坂町12番22号
　　　　　　Tel (03) 3356-5227
　　　　　　Fax (03) 3356-5263
　　　　　　電子メール japan@oreilly.co.jp
発売元：　　株式会社オーム社
　　　　　　〒101-8460　東京都千代田区神田錦町3-1
　　　　　　Tel (03) 3233-0641（代表）
　　　　　　Fax (03) 3233-3440

Printed in Japan (ISBN978-4-87311-713-3)

乱丁、落丁の際はお取り替えいたします。本書は著作権上の保護を受けています。
本書の一部あるいは全部について、株式会社オライリー・ジャパンから文書による許諾を得ずに、
いかなる方法においても無断で複写、複製することは禁じられています。